警示教育 365 天

煤矿事故案例选编

范吉宏　武　萍　季书强　主编

煤 炭 工 业 出 版 社

·北　京·

图书在版编目（CIP）数据

警示教育 365 天：煤矿事故案例选编/范吉宏，武萍，季书强主编．－－北京：煤炭工业出版社，2018(2020.8 重印)

ISBN 978－7－5020－4999－7

Ⅰ.①警… Ⅱ.①范… ②武… ③季… Ⅲ.①煤矿—矿山事故—案例—汇编 Ⅳ.①TD77

中国版本图书馆 CIP 数据核字（2018）第 288781 号

警示教育 365 天：煤矿事故案例选编

主　　编　范吉宏　武　萍　季书强
责任编辑　罗秀全
责任校对　陈　慧
封面设计　王　滨

出版发行　煤炭工业出版社（北京市朝阳区芍药居 35 号　100029）
电　　话　010 - 84657898（总编室）　010 - 84657880（读者服务部）
网　　址　www.cciph.com.cn
印　　刷　北京玥实印刷有限公司
经　　销　全国新华书店

开　　本　880mm×1230mm$^1/_{32}$　印张　6$^7/_8$　字数　167 千字
版　　次　2018 年 12 月第 1 版　2020 年 8 月第 3 次印刷
社内编号　20181472　　　　　　定价　28.00 元

编　委　会

前　　言

近年来，党中央国务院高度重视煤矿安全生产工作，出台了一系列加强煤矿安全生产的法律法规和政策，煤矿安全生产法律法规体系日趋完善，科学发展、安全发展理念深入人心，煤矿安全形势总体稳定。

但不可否认的是，煤矿生产的安全形势仍然十分严峻，大小事故时有发生，各种安全隐患还十分突出，安全管理还存在诸多薄弱环节。为深刻反思事故背后暴露的问题，我们组织有多年现场经验的"老煤矿"和有丰富培训经验的"老专家"，通过充分的调查研究，编写了这本《警示教育365天：煤矿事故案例选编》。

本书本着"尊重历史，以史为镜"的原则，按照1月1日至12月31日的时间顺序，搜集了365个煤矿事故案例，这些案例涵盖了煤矿比较典型的人身伤害事故和侥幸未致人身伤害的事故。事故的责任者、受害者、当事者往往因为一个小小的失误、一个不当的行为或者忽略了对一个细节的检查，就酿成了一起事故，给个人、家庭、企业乃至社会造成无法弥补的伤痛和损失。对于每个案例，我们都简要介绍了事故经过，分析了事故原因，之所以没有注明事故防范措施，是因为每个煤矿、每个班组都有着不同的作业环境和管理模式，我们不希望煤矿企业照本宣科，而是举一反三，制定出符合自身实际的防范措施。

编写出版本书的目的，是希望大家能够树立"一矿出事故，万矿受教育""将别人的事故当成自己的事故来吸取教训"的理念，引以为戒，加大安全管理和培训力度，改善工人作业环境，保障职工安全健康权益，预防和减少事故发生。

由于编写水平有限，书中疏漏之处在所难免，恳请批评指正。

编　者

2018 年 10 月

目　　录

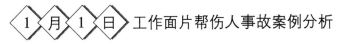

1月1日 工作面片帮伤人事故案例分析

一、事故经过

2015年1月1日早班，某煤矿李某、王某两人一起检修采煤机，在没有打贴帮柱和采取其他护帮措施的情况下开始检修。11时25分顶板突然来压，煤壁片帮，把正在检修的李某掩埋在采煤机摇臂下，造成李某小腿骨折。

二、事故原因

（1）李某设备检修前没有执行"敲帮问顶"制度和采取护帮措施，违章作业。

（2）工区现场安全管理不到位，对重点检修项目无管理人员监督。

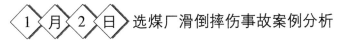

1月2日 选煤厂滑倒摔伤事故案例分析

一、事故经过

2014年1月2日早班，某煤矿选煤厂值班厂长杨某组织召开大班班前会，安排曹某班从洗煤车间二楼运1.1 kW电机（重25 kg）到维修车间修理保养。曹某安排陈某和王某运电机，10时左右，王某在选煤车间南门口台阶处滑倒，经医院检查为左肋骨骨裂。

二、事故原因

（1）选煤车间南门口台阶下面存有积水，由于天冷积水结冰，王某在运电机过程中不小心滑倒，造成伤害。

（2）工区对现场存在的安全隐患排查不到位。

（3）选煤厂对职工安全教育不到位，工作安排不细致。

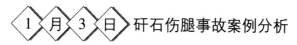 **矸石伤腿事故案例分析**

一、事故经过

2014 年 1 月 3 日中班，某煤矿掘二工区纪某班在 2205 机巷掘进。迎头爆破后，纪某、徐某到迎头打耙装机回头轮锚桩眼时，迎头顶板突然掉落一大块矸石，砸在徐某的右腿上，造成一起人身伤害事故。

二、事故原因

（1）班长纪某现场违章指挥，带头违章空顶作业。

（2）现场施工人员安全意识淡薄，对班长违章指挥不加制止，盲目服从。

（3）区队安全管理不到位，对职工习惯性违章缺乏有效管理。

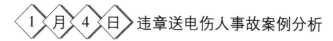 **违章送电伤人事故案例分析**

一、事故经过

2014 年 1 月 4 日早班，某煤矿机运工区电工董某等 3 人在接 55 kW 绞车开关电源时，变电所有人突然送电导致正在工作的董某被电火花击中，造成面部严重灼伤。

二、事故原因

（1）电工董某违章作业，未按措施落实停送电检修制度，上一级变电所内的电源开关停电后未闭锁、挂牌、派专人进行监管。

（2）工区的安全技术措施没有写清停送电范围，没有明确现场安全负责人。

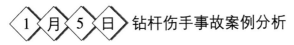 钻杆伤手事故案例分析

一、事故经过

2014 年 1 月 5 日中班，某矿防治水钻探队 4 人去 8109 工作面进行钻探施工。在提钻卸钻杆时，左某戴手套去抓还没完全停止转动的钻杆，被旋转的钻杆缠住手套，造成右手手腕骨折。

二、事故原因

（1）左某违章戴手套拆卸钻杆，没有意识到戴手套直接接触运转部分会造成严重后果，是事故发生的主要原因。

（2）班前会安排工作不严不细，未对易出现的违章进行重点强调，"三紧、两不要"落实传达不到位。

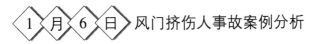 风门挤伤人事故案例分析

一、事故经过

2014 年 1 月 6 日中班，某煤矿通防工区职工刘某等三人在二采区联络巷维修风门，在风门维修过程中，另一道风门突然打开，由于负压增大，造成正在维修的风门关闭将刘某的安全帽打掉，并将刘某的脖子挤伤。

二、事故原因

（1）刘某在风门维修过程中，未采取安全措施（对另一道风门作不能打开处理），并且站位不正确。

（2）现场作业人员互保联保意识差，对现场危险有害因素辨识不到位。

3

 锚索伤人事故案例分析

一、事故经过

2017 年 1 月 7 日中班 19 时左右，某煤矿掘进工区一队班长李某安排职工刘某去 3$_下$ A02 下顺槽上车场扛 1 根锚索。刘某从车内抽出盘成圈的锚索后准备取出拉着走。在抽取过程中，由于盘成圈的锚索弹性大，刘某没握住，造成其右手臂被锚索弹伤。

二、事故原因

（1）职工刘某安全意识淡薄，单人取锚索，在取出盘成圈、弹性大的锚索时没有采取有效的防护措施，造成自身伤害。

（2）班长李某违章指挥，安排单人作业，没有互保人。

（3）工区管理人员及安监员现场监督管理不到位，对单人取锚索的作业行为没能及时发现和制止。

〈1〉月〈8〉日 钢板伤人事故案例分析

一、事故经过

2014 年 1 月 8 日早班，某煤矿机修车间班长刘某带领职工宋某、张某等 3 人在材料库南边场地切割钢板。当割完一块长 3 m、宽 0.4 m、厚 0.02 m 的钢板后（重量约 230 kg），刘某等 4 人抬起钢板准备进行焊接作业时，现场人员没有抓住钢板，钢板歪倒，张某躲闪不及，右脚小指被钢板边沿砸伤，造成右脚小指末节骨折。

二、事故原因

（1）现场施工人员配合不当，协调不力，思想麻痹大意，安全互保意识差，操作出现失误，是造成事故的直接原因。

（2）施工指挥人员考虑问题不全面，对较重物件搬抬所采取的措施不当，指挥不力，是事故发生的主要原因。

（3）机修车间对职工的安全教育不到位，也是事故发生的原因之一。

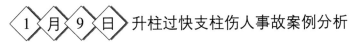

一、事故经过

2015年1月9日早班，某煤矿3208综采工作面当班班长姚某与职工付某用单体支柱调整支架的过程中，班长姚某操作液压枪升柱时，因升柱过快，单体柱未顶实滑落后，碰到付某头部，造成一起工伤事故。

二、事故原因

（1）付某安全防范意识差，现场站位不当，升柱前未及时躲避。

（2）班长姚某在升柱前未确认他人站位是否安全的情况下盲目操作，且升柱过快导致支柱滑落。

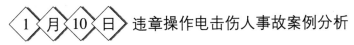

一、事故经过

2015年1月10日中班，某煤矿机修车间电工王某修理磁力启动器本体时，在未停电的情况下直接用手拆解开关本体上的电缆线头，使660 V供电电源线在左手中短路，造成电击烧伤事故。

二、事故原因

（1）电工王某工作时没有执行停电、验电、送电制度，在控制柜没有停电的状态下直接用手拆解线头。

（2）现场作业人员互保联保意识差，监护不到位。

（3）车间对职工的安全教育不到位。

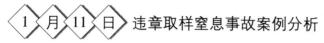

1 月 11 日 违章取样窒息事故案例分析

一、事故经过

2014 年 1 月 11 日早班，某煤矿监测队赵某和李某 2 人负责密闭的取样工作，9 时左右，当两人走到 2610 密闭前取样时，赵某没有用仪器测量密闭前的气体就直接进入栅栏取样，当场被气体熏倒。李某看赵某倒下后不知道发生了什么事情，进去扶他，也被气体熏倒。

二、事故原因

（1）赵某安全意识淡薄，自主保安意识差，对密闭前的气体没有监测就直接取样。

（2）李某安全意识淡薄，互保意识差，没能做到一人监护一人取样，对赵某的违章行为未能及时发现、制止，又因自己的无知造成事故进一步扩大。

（3）监测队日常安全管理、安全教育和技术管理工作不到位，导致现场职工安全意识淡薄，自保互保意识差。

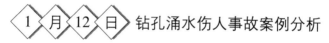

1 月 12 日 钻孔涌水伤人事故案例分析

一、事故经过

2007 年 1 月 12 日早班，某矿防治水队人员在井下水平大巷内施工探水孔，钻进至含水层时钻孔内突然涌水，喷出大量破碎岩石，岩石将查看钻孔反水情况的谢某脸部打伤。

二、事故原因

（1）《煤矿防治水规定》规定，预计钻孔内水压大于 1.5 MPa 时，采用反压和有防喷装置的方法钻进。现场施工人员明知接近含水层层位，却未提前采取防喷措施，存在侥幸心理，是造成事故的主要原因。

（2）现场施工人员谢某安全意识淡薄，对危险因素辨识能力低。

（3）现场管理人员监督管理不到位，没有对安全工作重点进行着重强调。

 回柱砸伤事故案例分析

一、事故经过

2011年1月13日中班，某煤矿6313综采工作面职工葛某与高某在机巷端头进行回柱作业，在回撤最后一根顶梁时顶梁倒向采空区侧，高某伸手去拽顶梁时被掉落的矸石砸伤右手食指，造成一起轻伤事故。

二、事故原因

（1）高某现场操作行为不规范，违章探入采空区侧拉拽顶梁，未使用长把工具。

（2）葛某互保联保意识差，未对高某的违章行为进行制止。

（3）区队对行为规范的教育不严不细，职工规范操作意识差。

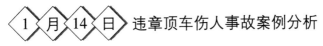 违章顶车伤人事故案例分析

一、事故经过

2015年1月14日中班，某煤矿运搬工区井下电机车司机赵某、跟车工刘某驾驶电机车行驶了500 m左右，遇6个矿车便停住，跟车工刘某将6个矿车挂好后，又往前顶车行驶，在顶到－340上山下部车场道岔时，在最前面装铁棚的平板车后两车轮向水沟一侧掉道。司机赵某发现车掉道便停车，与跟车工刘某找来一根2.1米长的枕木，将枕木一头顶在电机车车嘴上，另一头支在掉道车的车角上。刘某手扶枕木，赵某启动电机车开始顶车

复轨，刘某往掉道车的后方退着躲车。这时，掉道车 4 个车轮向水沟一侧掉道，车角撞在向后退着躲车的跟车工刘某的腿部，造成重伤。

二、事故原因

（1）机车司机违章顶车，且处理掉道车的方法不当，使用机车强行复轨。

（2）跟车工安全意识淡薄，站位不当，对现场危险有害因素辨识不到位。

（3）区队对职工的规范操作教育不到位，现场安全监督管理不到位。

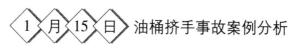 油桶挤手事故案例分析

一、事故经过

2017 年 1 月 15 日中班 18 时 50 分，某煤矿铲车司机刘某发现 LG－2 号铲车无油，然后联系铲车司机侯某一块儿去材料小组院内进行加油。两人把装满 200 L 柴油的柴油桶从库房内滚到铲车处后，在扶起油桶过程中，由于油桶摆动，刘某的手指被挤在油桶与铲车尾部，右手大拇指被挤伤。

二、事故原因

（1）施工人员自保意识差，扶起油桶时手放置位置不当，造成自身伤害。

（2）材料小组油脂库处无照明设施，光线暗，铲车司机明知光线不足但未采取有效的照明措施。

（3）互保人未尽到互保责任，配合不到位。

（4）供销科对铲车加油存在的安全隐患未引起重视和采取有效防范措施。

1 月 16 日 采煤机伤人事故案例分析

一、事故经过

2011 年 1 月 16 日中班，某煤矿综采一工区 3301 工作面交接班期间，大班采煤机检修工孙某在处理采煤机滚筒缠入的锚杆时，夜班采煤机司机杨某到达工作面，在没有检查滚筒周围是否有人员、障碍物的情况下启动采煤机试机，将孙某卷入滚筒，孙某经抢救无效死亡。

二、事故原因

（1）采煤机司机杨某严重违章作业，违反《煤矿安全规程》关于"启动采煤机前，必须先巡视采煤机四周，确认对人员无危险后，方可接通电源"的规定。

（2）采煤机检修工孙某在进行检修作业时严重违章，违反 3301 工作面作业规程关于"检修采煤机必须严格执行切断电源，断开采煤机隔离开关和离合器，并悬挂'正在检修，严禁送电'"的规定。

（3）现场交接班期间安全监管不到位，无管理人员重点监督。

（4）区队安全教育不到位，职工安全意识差，存在习惯性违章现象。

1 月 17 日 风流短路事故案例分析

一、事故经过

2014 年 1 月 17 日中班，某煤矿通防工区班长张某带领 3 名职工在修复 3605 工作面回风联络巷风墙时，风墙倒塌，造成风流短路事故，影响工作面生产 7 h。

二、事故原因

（1）风墙墙体施工质量低劣，为事故的发生埋下了安全隐患。

（2）处理风墙时无施工技术措施，现场施工方法不当。

（3）没有管理人员现场指挥施工，劳动组织差。

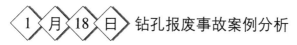 钻孔报废事故案例分析

一、事故经过

2018 年 1 月 18 日早班，某矿钻探队司钻人员在钻机钻探过程中打盹，未及时发现钻孔内部塌孔，未采取减慢钻进速度等应对措施，致使钻孔内钻杆折断，造成钻孔事故，最终导致钻孔报废。

二、事故原因

（1）司钻人员对钻孔塌孔重视程度不够，违反劳动纪律在钻孔期间打盹。

（2）钻孔内部异常，工区值班人员未给予足够重视，在特殊时期未进行监督管理。

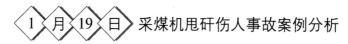 采煤机甩矸伤人事故案例分析

一、事故经过

2011 年 1 月 19 日早班，某煤矿综采一工区采煤机司机高某、孟某在割煤过程中经过工作面断层处时，机道侧冒顶，瞬间冒落的一块矸石被采煤机滚筒甩出，将采煤机司机高某右臂砸伤。

二、事故原因

（1）采煤机司机高某自我安全防范意识差，在经过断层处时未引起注意，对现场存在的安全风险未采取防范措施。

（2）现场安全管理不到位，工作面断层处支架未及时拉移超前支架。

（3）区队班前会安排不到位，对工作面过断层期间的安全注意事项强调不细致。

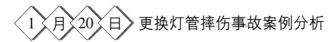

1 月 20 日 更换灯管摔伤事故案例分析

一、事故经过

2014 年 1 月 20 日早班，某煤矿运输工区值班区长安排大班电工贾某、曹某二人在西翼带式输送机大巷利用检修时间更换照明灯管。10 时 15 分带式输送机停止运行后，贾某便站在输送带上更换灯管，在更换过程中带式输送机突然启动，贾某慌乱从输送带上跳下，摔倒在巷帮上，造成右臂骨折。

二、事故原因

（1）贾某、曹某二人未与带式输送机司机取得联系确认是否检修的情况下，违章站在输送带上更换灯管，带式输送机突然启动，造成事故的发生。

（2）区队安全教育不到位，职工现场危险有害因素辨识能力差。

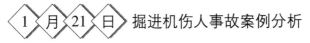

1 月 21 日 掘进机伤人事故案例分析

一、事故经过

2014 年 1 月 21 日夜班，某煤矿综掘队在 1103 下顺槽施工。职工王某和刘某支护右帮锚杆，班长孙某在未安排工作面施工人员撤离的情况下，私自开动综掘机出煤。综掘机出煤过程中截割头绞住拖在地上的风水管线并缠绕，王某被风水管线绊倒，其左腿被拖到综掘机截割头下，导致左脚骨折。

二、事故原因

（1）班长在未通知工作面人员撤离的情况下违章开动综掘机。

（2）现场管理不到位，跟班队长没有在现场指挥，未及时消除安全隐患。

（3）区队对职工安全教育不够，职工违章蛮干。

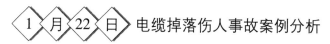

1 月 22 日 电缆掉落伤人事故案例分析

一、事故经过

2010 年 1 月 22 日中班，某煤矿机电工区技术员张某带领电工王某等 5 人，到 2205 工作面进风巷吊挂 50 mm² 电缆和安装馈电开关，张某指挥王某和石某挂了约 40 m 电缆，还余 10 m 多，使用的扎带不够，王某和石某停下来去找扎带。15 时左右，张某前往第 4 联络巷口准备检查馈电开关安装情况，行走中听到有东西掉落，同时感觉有东西落下来，遂本能地用左手招架。刚刚吊挂的 50 mm² 电缆坠开扎带掉落打在张某的左臂上，致使左臂骨折。

二、事故原因

（1）电工在吊挂电缆时工序错误。吊挂电缆末端因电缆自重而下垂，但对受力点未进行加强固定。

（2）工区管理人员检查不严不细，未能及时发现电缆吊挂施工中存在的隐患。

（3）工区对职工安全教育不够，职工安全意识淡薄，自主保安能力差。

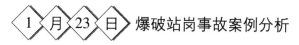

1 月 23 日 爆破站岗事故案例分析

一、事故经过

2014 年 1 月 23 日夜班，某煤矿掘进工作面进行爆破工作。班长王某安排李某进行警戒，将其送至站岗位置后回去安排另外的站岗工作。机电维修工张某路过站岗地点看到李某蹲坐睡觉，前行 10 m 后，前方炮响，所幸没有造成伤害事故。

二、事故原因

（1）李某责任心差，担任警戒站岗任务睡觉，严重违反劳动纪律。

（2）班长王某违章指挥，虽然安排专人站岗警戒，但没有在站岗地点设置警戒牌、栏杆或拉绳。

（3）现场管理人员监督检查不到位，工区对职工的安全教育不够。

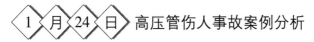 高压管伤人事故案例分析

一、事故经过

2007 年 1 月 24 日，某煤矿防治水工区班长李某带领其他两人去 7500 轨道大巷进行钻探施工。组员张某在插拔 $\phi25$ 高压胶管时用力过猛被高压胶管反弹击中面部，造成嘴部受伤。

二、事故原因

（1）现场作业人员对危险因素辨识不到位，靠经验进行操作。

（2）工区管理不到位，对安全细节管理不严不细，不能对各种安全隐患进行有效排查。

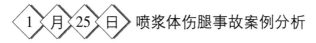 喷浆体伤腿事故案例分析

一、事故经过

2015 年 1 月 25 日早班，某煤矿掘进工区赵某班在南翼轨道运输巷维修巷道。10 时 15 分左右，职工孙某、刘某在打顶部的锚杆过程中，一块约 30 kg 的喷浆体掉落，刘某躲避时被脚下的杂物绊倒，喷浆体砸伤其右腿，造成右腿骨折。

二、事故原因

（1）职工孙某、刘某安全意识淡薄，作业前未确认工作地

点后路畅通情况，操作过程中未随时执行"敲帮问顶"制度，存在图省事、怕麻烦的侥幸心理。

（2）孙某和刘某的互保联保意识差，支护过程中未及时仔细观察现场顶板变化情况。

（3）区队安全教育不到位，职工规范操作的意识差。

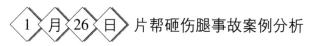

片帮砸伤腿事故案例分析

一、事故经过

2014年1月26日早班，某煤矿综采工作面采煤机司机于某正在更换采煤机截齿时，顶板突然来压，煤壁片帮，煤块将于某腿部砸伤，造成小腿骨折。

二、事故原因

（1）于某更换采煤机截齿前没有执行"敲帮问顶"制度和采取护帮措施，违章作业。

（2）现场安全管理不到位，对现场存在的不安全行为没有及时发现和制止。

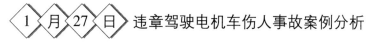

违章驾驶电机车伤人事故案例分析

一、事故经过

2014年1月27日早班，某煤矿机电工区地面电瓶车司机王某驾驶单车自副井井口向矸石山方向行驶，由西向东行驶至维修房南门口以东40 m道岔处时，王某的左腿伸出驾驶室外，与掘进工区停放在道岔处装有锚盘的矿车相撞，造成左小腿腓骨骨裂。

二、事故原因

（1）地面电瓶车司机王某安全意识淡薄，驾驶电瓶车时违章将左腿伸出车外。

（2）掘进工区地面运料工将料车存放在道岔处，距主运输轨道距离太近，料车存放位置不当。

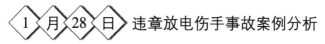 违章放电伤手事故案例分析

一、事故经过

2015 年 1 月 28 日早班，某煤矿掘进工作面一设备开关出现故障，电工刘某到现场后未查出原因，就打开开关上盖，先用验电笔进行验电，发现验电笔发光管不亮，然后用钳子夹住扳手对电源侧进行放电，扳手在接触到接线柱的瞬间产生电弧，引起电源短路，将刘某右手大面积灼伤。

二、事故原因

（1）电工刘某违章操作，未配备完好的验电笔、放电工具，并在未确认开关是否带电的情况下用扳手放电。

（2）现场安全监督和区队安全教育不到位。

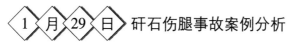 矸石伤腿事故案例分析

一、事故经过

2014 年 1 月 29 日中班，某煤矿采煤工区验收员廖某在工作面机头处经过时，工作面刮板输送机上拉过来的一大块矸石，将廖某右脚砸骨折。

二、事故原因

（1）廖某自保意识差，在刮板输送机机头处经过时未注意观察周围安全状况。

（2）现场安全管理不到位，工作面刮板输送机机头安全出口不畅通，未及时采取相关安全措施。

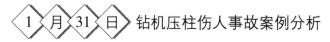 **电缆爆燃事故案例分析**

一、事故经过

2014 年 1 月 30 日早班，某煤矿四采区 3408 工作面电缆爆燃，导致 CO 大量溢出，在此地点工作的王某 5 人见有烟雾，便戴自救器沿避灾路线逃生。由于有两台自救器失效，其中 2 人被熏倒在机道旁，之后救护队员赶到抢救并送医院救治。

二、事故原因

（1）工区管理不到位，未查出电缆超负荷过热的严重安全隐患，导致电缆爆燃事故。

（2）通防工区没有按规定对自救器进行定期校验，是造成这起事故的主要原因之一。

---

1 月 31 日 **钻机压柱伤人事故案例分析**

一、事故经过

2009 年 1 月 31 日早班，某煤矿防治水工区值班区长付某安排班长贺某带领班组人员去 7100 工作面进行打钻作业。在钻进过程中，由于钻机晃动，钻机压柱歪倒砸伤一旁作业的王某。

二、事故原因

（1）班长贺某等人在钻进作业前未对安全隐患进行排查，安全意识淡薄，没有对钻机压柱栓设防倒绳，是事故发生的主要原因。

（2）工区班前会安排工作不严不细，未对易出现的问题做重点强调。

一、事故经过

2015 年 2 月 1 日早班，某煤矿采煤工区回柱工张某在 11605 工作面回柱，在支柱放液降柱过程中，张某左手上方掉下一块矸石，砸在左手上，造成左手拇指骨折。

二、事故原因

（1）回柱工张某安全意识差，违章操作，回切顶排柱时没有按照规定使用带长绳的卸液把手进行远距离操作，回柱前未执行"敲帮问顶"制度。

（2）同组作业人员互保联保意识差，未起到监护作用。

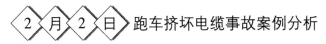

一、事故经过

2012 年 2 月 2 日中班，某煤矿开拓队在上仓机头硐室回撤耙装机，队长安排绞车司机张某慢放车，将耙装机整体运送。当耙装机推过变坡点时，耙装机前端销子连接装置开焊脱落，耙装机失去控制跑车。耙装机下滑 92 m 后，被超速吊梁阻挡，耙装机掉道挤坏电缆。

二、事故原因

（1）耙装机前端销子连接装置焊接不牢。

（2）耙装机整体下放没有使用保险绳及采取其他保险措施。

（3）工区管理不到位，现场未按措施组织施工。

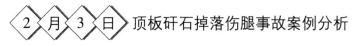

2 月 3 日 顶板矸石掉落伤腿事故案例分析

一、事故经过

2016 年 2 月 3 日早班，某煤矿掘进工区施工南翼总回风巷，爆破后使用前探梁支护。在未铺网的情况下，打眼工付某开始打锚杆眼。付某站在左帮打眼时，顶板左肩窝掉落一块矸石，砸在其左小腿上，造成左小腿骨折。

二、事故原因

（1）付某在未铺网的情况下，为图省事，没有对顶板进行"敲帮问顶"，没有及时找掉顶帮的活矸危岩。

（2）打眼工在打眼前，没有使用临时支护，面对顶板掉落矸石躲闪不及。

（3）现场管理人员监督不到位。

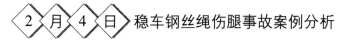

2 月 4 日 稳车钢丝绳伤腿事故案例分析

一、事故经过

2015 年 2 月 4 日早班，某煤矿综采工区孟某班在 1307 工作面回撤中部槽，14 时 30 分，在拉移 45 ~ 47 号溜槽过程中钩头突然脱落，稳车钢丝绳回弹，将站在绳道内的职工孙某小腿崩伤。

二、事故原因

（1）孙某安全意识淡薄，稳车运行过程中违章站在绳道内，造成事故发生。

（2）现场安全管理不到位，对作业现场重点环节疏于管理。

（3）区队安全教育不到位，职工自我防范意识差。

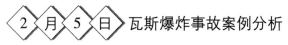

2 月 5 日 瓦斯爆炸事故案例分析

一、事故经过

2013 年 2 月 5 日夜班，某煤矿 -416 采区附近采空区发生火灾，在救灾过程中又发生多次瓦斯爆炸，新构筑的密闭被破坏，-416 采区 -250 石门一氧化碳传感器报警。该矿未按规定上报并撤出作业人员，仍然继续在该区域施工密闭，现场指挥人员强令职工冒险作业，共造成 36 人死亡。

二、事故原因

（1）该矿忽视防灭火管理工作，措施不落实。-416 东水采工作面上区段采空区漏风，煤炭自然发火，引起采空区瓦斯爆炸，爆炸产生的冲击波和大量有毒有害气体造成人员伤亡。

（2）企业安全生产主体责任不落实，存在严重违章指挥、违规作业的行为。

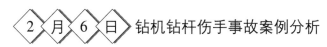

2 月 6 日 钻机钻杆伤手事故案例分析

一、事故经过

2013 年 2 月 6 日夜班，某矿防治水队队长李某带领本班 3 人去 8102 工作面进行钻探作业。提钻作业时，班员王某拆卸完钻杆在进行摆放时未轻拿轻放造成左手小拇指被钻杆砸伤的轻伤事故。

二、事故原因

（1）班员王某在摆放钻杆时野蛮操作，未轻拿轻放直接导致事故发生。

（2）工区对职工安全教育不到位，职工安全意识差。

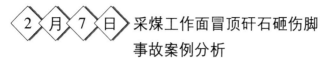

2 月 7 日 采煤工作面冒顶矸石砸伤脚 事故案例分析

一、事故经过

2014 年 2 月 7 日夜班，某煤矿综采工区液压支架工陈某、王某在 3012 工作面 57 ~ 75 号架断层段移架时，由于操作不当，造成顶板大面积冒顶，陈某被滚落的大块矸石砸伤右脚。

二、事故原因

（1）支架工陈某、王某在断层段移架时没有仔细观察顶板情况，没有采取"带压移架"的方式进行移架，造成冒顶。

（2）陈某自保意识差，站位不当。

（3）班长李某工作不严不细，没有重视工作面存在的安全隐患，安全预见性差。

（4）跟班副区长李某对现场易发生事故地点的隐患排查不到位，对特殊地段未进行重点监督。

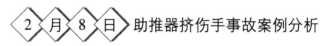

2 月 8 日 助推器挤伤手事故案例分析

一、事故经过

2013 年 2 月 8 日夜班，某煤矿掘进工区职工李某与高某在三采区带式输送机巷迎头打锚杆支护左帮。在使用帮锚杆机安肩部锚杆时，锚杆助推器与锚杆脱落，将扶钻人员李某右手中指挤在助推器与锚杆盘之间，造成中指肌肉损伤。

二、事故原因

（1）职工李某在扶钻过程中操作不规范，使用右手扶锚杆盘，被旋转中滑落的助推器挤伤。

（2）职工高某在操作帮锚杆机时，由于肩部锚杆较高，钻机与锚杆轴线不一致，造成锚杆助推器在旋转过程中脱落。

（3）施工过程中职工互保联保意识差。

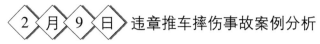 **违章推车摔伤事故案例分析**

一、事故经过

2015 年 2 月 9 日中班，某煤矿开拓工区喷浆班人员到达工作地点后，班组长安排何某、董某负责在车场推料车，二人推一辆重车过道岔后车辆快速滑行，撞到卸车地点的重车上，卸料工何某身体失稳，从矿车上跌落，造成身体多处骨折。

二、事故原因

（1）何某、董某二人违章作业，违反操作规程中"推车接近道岔、弯道、巷道口、巷道狭窄处、风门、硐室出口时，必须及时发出警号并控制车速""严禁蹬车、放飞车"的规定，造成事故发生。

（2）区队安全教育不到位，职工规范操作的意识差。

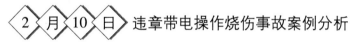 **违章带电操作烧伤事故案例分析**

一、事故经过

2012 年 2 月 10 日夜班，某煤矿机电工区电工陈某巡查机电设备时，发现一台 80 开关出现故障，便打开开关前门进行检查。在检查过程中，陈某使用万用表测量隔离换相刀闸的电压，万用表表笔处产生的电弧将陈某脸部及双手的食指和中指表面烧伤。

二、事故原因

（1）电工陈某对作业过程中的危险因素认识不清，违章带电操作电气设备。

（2）工区现场安全措施落实不到位，当班带班管理人员现场监管不到位。

（3）对职工培训管理不到位，不能将本安标准切实贯彻落实到操作岗位，职业习惯性违章行为没有杜绝。

2 月 11 日 拒爆爆炸伤人事故案例分析

一、事故经过

2016 年 2 月 11 日中班，某煤矿开拓工区李某班在十采区带式输送机巷正组织生产，耙装工作面矸石后，班长李某安排王某、陈某在耙装机右后侧施工水沟，约 18 点 10 分，耙装机后边有爆炸声，李某马上赶到现场，发现王某、陈某二人被炸伤。

二、事故原因

（1）王某、陈某二人现场使用风镐挖水沟时，对未松动的原岩可能存在拒爆的危险性认识不足，风镐击中水沟侧下部底板中遗留的拒爆，致使拒爆发生爆炸，造成二人受伤。

（2）根据开拓工区 4 月份原始记录收尺台账确认，该地点位于 4 月 20 日早班施工的范围内，当班爆破后未排查出拒爆，留下安全隐患。

（3）现场管理人员对事故隐患排查不力，落实作业规程不严不细。

2 月 12 日 高压管伤人事故案例分析

一、事故经过

2017 年 2 月 12 日早班，某矿防治水工区于某班在接班后便进行钻探施工。在施工过程中，由于钻杆晃动导致钻杆供水高压管 U 形卡脱落，高压管甩出把旁边休息的井某打伤。

二、事故原因

（1）班长于某接班后未对现场进行安全检查，未及时发现 U 形卡老化松动。

（2）班员井某在作业范围内休息，出现危险时无法及时躲避。

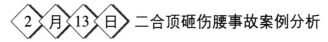 二合顶砸伤腰事故案例分析

一、事故经过

2015 年 2 月 13 日早班，某煤矿综采工区采煤机司机李某发现截齿磨损严重，便停机停电进入机道更换截齿。更换过程中顶板二合顶局部冒落，将李某腰部砸伤。

二、事故原因

（1）李某安全意识淡薄，进入煤壁机道时未采取护顶护帮措施，违章空顶作业。

（2）现场安全检查人员对作业现场重点环节和关键工序监督不到位，对违章作业行为监督检查不力。

（3）区队安全教育不到位，职工自我防范意识差。

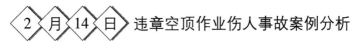 违章空顶作业伤人事故案例分析

一、事故经过

2013 年 2 月 14 日早班，某煤矿掘三工区 6307 轨道巷工作面爆破后，在没进行临时支护的情况下，跟班副区长刘某派打眼工张某到工作面打耙装机回头轮生根眼，当生根眼打进 0.2 m 时，顶板掉下一大块矸石砸在张某的小腿上，造成张某小腿骨折。刘某急忙去搬开张某腿上的矸石，这时顶板又掉下一块矸石，砸在刘某的右手上，造成 3 根手指骨折。

二、事故原因

（1）副区长刘某违章指挥，空顶作业。

（2）职工张某自主保安意识差，对顶板冒落可能造成的危害辨识能力差。

（3）安监员班中巡查不到位，未及时对工作面存在的违章行为进行制止。

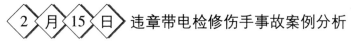

一、事故经过

2014 年 2 月 15 日早班，某煤矿采煤工区 3410 工作面突然停电，电工高某一边打开开关准备查找事故原因，同时安排电工刘某去停上一级电源，当刘某刚离开还没有停下电时，高某就盲目拿起万用表查找故障，在测量电压时，由于万用表挡位处于电阻挡，造成万用表短路，并产生电火花，引起三相弧光，将高某面部及左手烧伤、开关烧坏。

二、事故原因

（1）伤者高某自主保安意识差，检修开关时违反了"严禁带电检修电气设备"之规定，盲目打开开关带电检查，违章作业。

（2）电工刘某安全意识淡薄，互保意识差，发现高某带电打开关时没有制止。

（3）现场管理不到位，跟班副区长和班长得知开关发生故障，没有及时赶到现场进行指挥和监督。

〈2〉月〈16〉日 矿车掉道挤伤电缆事故案例分析

一、事故经过

2014 年 2 月 16 日早班，某矿运搬工区职工去西翼大巷运轨道，由于没有找到闲置的平板车，便将 4 节轨道直接放在矿车上方用铁丝封车。当经过西翼大巷转弯时，3 辆矿车掉道，轨道挤坏电缆，影响生产 4 h。

二、事故原因

（1）职工安全意识淡薄，未细致考虑运输过程中的危险因素。

（2）"四超"车辆的运输未执行《煤矿安全规程》的要求，

未使用专用车辆，料车封车不合格。

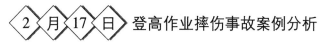

2 月 17 日 登高作业摔伤事故案例分析

一、事故经过

2017 年 2 月 17 日早班，通防工区职工 4 人在一采区轨道上山更换隔爆水袋，孙某和张某某一组，张某和谢某一组，下午 15 时左右，张某拆完一组旧水袋，摘除保险钩准备下梯时，扶梯人谢某没有扶稳，张某由于脚底打滑失去重心从梯子上跌落，左手腕部接地受伤。经医院鉴定，张某左手桡骨远端轻微骨折，属轻微伤。

二、事故原因

（1）伤者张某自主保安意识差，脚下打滑从梯子上跌落，是造成事故的直接原因。

（2）互保人谢某没有扶稳梯子，互保责任不到位，是造成事故的间接原因。

（3）跟班区长及班队长现场监管不到位，是造成事故的另一间接原因。

2 月 18 日 铁丝代替 U 形卡侥幸事故案例分析

一、事故经过

2013 年 2 月 18 日，某矿钻探队在泄水巷进行钻探作业时，职工邢某在连接高压水管时使用铁丝代替 U 形卡，供水时产生的水压把铁丝崩断，高压水管弹出，侥幸未发生人员伤害事故。

二、事故原因

（1）职工邢某违章使用铁丝代替 U 形卡，是本次侥幸事故发生的主要原因。

（2）现场管理人员监督不到位，未对重点工作环节进行重点强调。

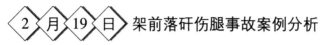 架前落矸伤腿事故案例分析

一、事故经过

2014 年 2 月 19 日早班，某煤矿综采工区庄某班在 1119 工作面 65 号支架处挂柱子搪顶，班长庄某进入前刮板输送机，站在中间位置向支架前梁上挂 40T 链子时，突然从架前顶板上掉下一大块矸石，庄某躲闪不及，掉落的矸石砸在其右脚上，把脚砸伤。

二、事故原因

（1）作业人员没有事先排查消除架前顶板隐患，而是直接站在前刮板输送机中间作业，顶板矸石突然掉落造成砸脚事故。

（2）庄某安全意识淡薄，自主保安意识差。

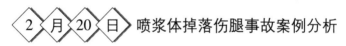 喷浆体掉落伤腿事故案例分析

一、事故经过

2013 年 2 月 20 日中班，某煤矿巷修队张某某班在主回风巷 4 号联络巷修复顶板，在没有使用临时支护的情况下，采用打一根锚杆紧固一根锚杆，从一边赶着挂网的方式施工。18 时 10 分左右，锚杆支护工张某和王某挂上两片网后打下一个顶部锚杆眼，由于锚杆没有上紧，喷体受震动冒落。正在打眼的王某躲闪不及，被冒落的喷体砸伤右小腿，造成骨折。

二、事故原因

（1）张某、王某安全意识差，违章作业，打好的锚杆没有达到预紧力要求，造成喷体受震动冒落。

（2）班长张某没有及时组织"敲帮问顶"，没有制止现场违章作业。

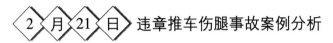

（3）工区在施工措施没有审批的情况下安排施工任务，现场安全监管不到位。

◇2◇月◇21◇日◇ 违章推车伤腿事故案例分析

一、事故经过

2013年2月21日早班，某煤矿掘进工区李某、曹某二人在后路推空车，准备到耙装机后装矸，因轨道高低不平，且有上坡，阻力较大而推不动。二人将空车向后退一下，并在集中力量前推时，矿车后轮突然掉道，砸在左侧推车工曹某的左脚上，造成一起工伤事故。

二、事故原因

（1）推车工曹某自主保安意识差，操作不规范违章站在矿车两侧推车。

（2）李某互保联保不到位，对曹某的不安全站位未及时提醒。

（3）现场隐患排查不到位，轨道铺设质量差未发现。

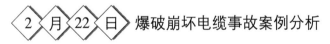

◇2◇月◇22◇日◇ 爆破崩坏电缆事故案例分析

一、事故经过

2017年2月22日早班，某煤矿掘二工区陈某班根据班前会安排，在1600中部车场处施工沉淀池，9时40分左右，爆破后发现现场供电电缆被崩坏，经抢修于12时30分处理完成，影响1600采区生产2 h50 min。

二、事故原因

（1）班长陈某责任心差，未严格按照班前会的要求工作，爆破时未加强对现场风水管、供电电缆保护。

（2）现场跟班人员管理不到位，特殊环节未重点监督。

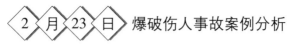 **爆破伤人事故案例分析**

一、事故经过

2011 年 2 月 23 日夜班，某煤矿开拓工区在南翼轨道大巷打眼装药完毕后，爆破员王某在爆破过程中，被崩出的矸石击中头部，经抢救无效死亡。

二、事故原因

（1）爆破员王某违章操作，由于爆破母线长度不足，爆破距离没有达到《煤矿安全规程》规定。

（2）现场跟班管理人员监督不到位，对现场存在的违章行为没有及时发现并制止。

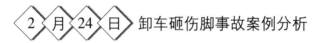 **卸车砸伤脚事故案例分析**

一、事故经过

2013 年 2 月 24 日早班，某矿防治水工区值班人员安排张某班 4 人带工具去轨道上山进行钻探作业。9 时左右，组员尹某在工作地点卸车，当把矿车内螺丝头拿出时，由于精力不集中，螺丝头从手中滑落，砸伤尹某脚面。

二、事故原因

（1）组员尹某自主保安意识差，作业时注意力不集中。

（2）当班班长张某现场安排工作不严不细，防范措施安排不具体。

（3）工区对职工安全教育不到位，职工安全意识差。

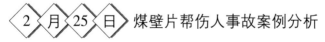 **煤壁片帮伤人事故案例分析**

一、事故经过

2013 年 2 月 25 日中班，某煤矿综采工区在 3210 工作面生产，班长安排张某和李某二人回撤贴帮支柱，李某在一旁监护、观察顶板，张某进行回撤。在回上帮贴帮单体支柱时，上帮煤壁突然片帮，煤块将张某腿部砸伤。

二、事故原因

（1）张某自保意识差，在回撤贴帮柱前未执行"敲帮问顶"制度。

（2）李某现场监护不到位，对现场存在的危险隐患没有及时提醒。

（3）3210 工作面上帮受 3212 工作面采空区影响，上帮压力较大，现场施工时，没有按照作业规程的规定对需要回撤的单体支柱进行远距离操作卸载。

◇ 2 月 26 日 ◇ 前探梁伤人事故案例分析

一、事故经过

2006 年 2 月 26 日中班，某煤矿 1623 掘进工作面，班长王某、张某等 5 人做好前探梁支护后开始打顶部锚杆进行支护。打第二根顶部锚杆时，上帮前探梁突然掉落，砸在王某的肩部，造成肩胛骨骨折。

二、事故原因

（1）班长王某安全意识差，使用前探梁没有观察吊环固定情况，吊环螺丝未上满丝。

（2）区队对工程质量的管理不严不细，对锚杆外露丝长度不符合规定的情况没有及时改正。

（3）现场安全管理不到位，对现场存在的隐患没能及时发现并处理。

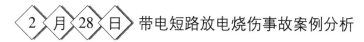

2 月 27 日 违章清淤铁锹伤人事故案例分析

一、事故经过

2014 年 2 月 27 日中班，某煤矿运输工区带式输送机维修工申某在东翼一部带式输送机巡检时，发现带式输送机机头储带仓导向滚筒上沾有淤泥，致使滚筒直径发生变化造成输送带跑偏，于是使用带式输送机机头消防铁锹清理滚筒上的淤泥。清理的瞬间铁锹被卷入输送带与导向滚筒之间，并随滚筒高速转动，锹把打在申某左臂上，造成左臂骨折。

二、事故原因

（1）申某自主保安意识差，在未与带式输送机司机取得联系、带式输送机运行的情况下，违章使用消防铁锹清理带式输送机导向滚筒上的淤泥。

（2）运输工区对职工安全教育不到位，职工自我防范意识差。

2 月 28 日 带电短路放电烧伤事故案例分析

一、事故经过

2013 年 2 月 28 日中班，某煤矿机电工区电工在变电所摇测 5 号泵负荷电缆绝缘电阻时，本应将 5 号泵的操作开关柜打开，但由于工作精力不集中、粗心大意，实际施工时错将未停电的三级三回路电源开关柜打开，打开后未对带电体进行验电就进行短路放电，短路产生的高压电弧将电工面部大面积烧伤。

二、事故原因

（1）电工安全意识淡薄、思想麻痹，错将未停电的开关柜打开，带电进行短路放电。

（2）电工违章操作，未严格执行停送电和操作票制度，未进行验电程序。

（3）区队安全管理混乱，现场安全监管不到位，高压电气
设备检修未执行一人操作、一人监护制度。

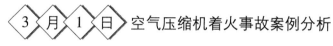

3 月 1 日 空气压缩机着火事故案例分析

一、事故经过

2011 年 3 月 1 日中班，某矿 431 运输下山底部车场与 – 250 平巷交叉口处空气压缩机着火并引燃附近巷道顶板及两帮的竹笆和木背板，在救援过程中，有三名救护队员因高温引起热痉挛，导致热衰竭，经全力抢救无效不幸死亡。

二、事故原因

（1）该矿违法违规采购压风设备。

（2）空气压缩机安设位置不符合规定。

（3）违法违规组织开采。

（4）安全生产责任制不健全。

（5）事故应急处置措施不力。

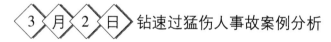

3 月 2 日 钻速过猛伤人事故案例分析

一、事故经过

2014 年 3 月 2 日，某矿钻探队 5 人在 7206 顺槽进行打钻作业。6 号孔施工完毕后进行挪钻，准备对 7 号孔进行开孔。开孔时，薛某站在孔口使用钻杆固定开孔管，班长王某启动钻机进行开孔。由于班长王某启动钻机时钻速过猛，致使开孔管严重偏离开孔位置，甩向一边的薛某，将薛某小腿打伤。

二、事故原因

（1）班长王某在启动钻机开孔时钻机钻速过猛，没有掌握好钻进速度，直接导致本次事故发生。

（2）班前会安排工作不细致，对重点环节安全管理不到位。

3 月 3 日 顶板来压伤人事故案例分析

一、事故经过

2010 年 3 月 3 日中班，某煤矿综采工区端头回柱工朱某在 1909 工作面下端头回柱。回柱过程中，因巷道较高，支柱被超高使用，顶板来压冒顶将柱子推倒。朱某被埋在矸石下，经抢救无效死亡。

二、事故原因

（1）工作面支护质量差，单体支柱被超高使用，导致支柱初撑力不足。

（2）职工朱某发现巷道支护强度不够未采取有效措施及时处理，自保意识差。

（3）工区安全管理松散，跟班管理人员现场监督不到位。

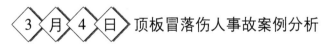

3 月 4 日 顶板冒落伤人事故案例分析

一、事故经过

2014 年 3 月 4 日夜班，某矿综掘工区王某班组在 1203 下带式输送机巷施工，支好前探梁、清完工作面积煤后，班长王某和职工魏某在前探梁的掩护下拉钻机准备打顶部锚杆。突然工作面顶板冒落一大块矸石将前探梁砸弯，木板被砸断后矸石顺木板滑落，将正在该处工作的魏某左脚砸伤。

二、事故原因

（1）顶板为泥页岩，且存在不规则的滑面，整体性差，具有隐蔽性。

（2）前探梁使用不规范，接顶不实，造成顶板冒落。

（3）职工安全意识差，在支护前未再次进行"敲帮问顶"。

（4）现场管理人员监督检查不到位，对存在的安全隐患未能及时发现并排除。

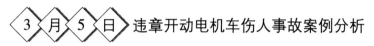

3 月 5 日 违章开动电机车伤人事故案例分析

一、事故经过

2015 年 3 月 5 日中班，某煤矿开拓工区把钩工李某在 1300 上车场刚将销子环连接好，还没有躲开，电瓶车司机刘某就误认为矿车连接已结束，在没发开车信号的情况下开动电瓶车，矿车将李某碰伤。

二、事故原因

（1）电瓶车司机刘某违章操作，开车前没发出开车信号。

（2）工区安全管理不到位，职工习惯性违章并存在侥幸心理。

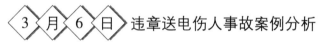

3 月 6 日 违章送电伤人事故案例分析

一、事故经过

2014 年 3 月 6 日中班，某煤矿掘一工区电工孙某准备到十层泄水巷接通风机，在移动变电站配电点馈电开关处挂上停电牌后，到工作地点施工。正在十层轨道上山施工的掘三工区班长陈某发现停电，在明知挂有"有人工作，严禁合闸"警示牌和开关上锁的情况下，盲目送电，造成正在接线的孙某左眼轻微灼伤。

二、事故原因

（1）陈某安全意识淡薄，违章强行送电，是造成这次事故的直接原因。

（2）孙某自保意识不强，在没有向调度室申请停电的情况下，私自接线，违反了停送电制度。

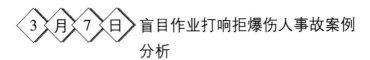 盲目作业打响拒爆伤人事故案例 分析

一、事故经过

2016 年 3 月 7 日夜班，某煤矿掘进工区打眼工王某、刘某等 3 人在 6203 轨道下山进行打眼工作。约 1 时 30 分，3 人打眼过程中将中班遗留的一拒爆打响，造成一起 3 人重伤事故。

二、事故原因

（1）王某、刘某等 3 人在打眼前未严格检查工作面有无拒爆、残爆情况，盲目作业，造成自身伤害。

（2）上班爆破工、班组长工作责任心差，未对当班爆破情况进行认真检查，致使现场留下安全隐患。

（3）现场安全管理、隐患排查不到位。

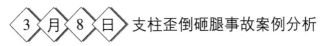 支柱歪倒砸腿事故案例分析

一、事故经过

2007 年 3 月 8 日早班，防治水工区班长张某安排职工李某、刘某挪移钻机转运钻机支柱。11 时左右，刘某刚把卸压把手搭在柱子上柱子就歪了，因后路不畅，刘某躲闪不及，被歪倒的柱子砸中右小腿，造成右小腿腓骨骨折。

二、事故原因

（1）事故责任人刘某自主保安意识差，注意力不集中，事先没有观察压柱的方向和受力情况，操作不规范，没有观察后退路线，冒险作业。

（2）班长张某对现场分工检查不到位，工人进行柱子卸压时没有安排专人进行安全监护。

（3）跟班副区长、安检员对现场安全隐患排查不严不细，安全管理不到位。

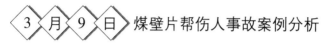

3 月 9 日 煤壁片帮伤人事故案例分析

一、事故经过

2013 年 3 月 9 日早班，某煤矿采煤工区 1303 工作面进行正常的检修工作，维修班班长韩某及维修工杨某等 4 人在工作面 20 号支架处检修采煤机，在用随身携带的工具锤进行简单的"敲帮问顶"后，即开始作业。约 9 时 30 分，在拆除采煤机下摇臂调高缸护板时，煤壁突然片帮，杨某躲闪不及，被煤壁片帮下来的煤块砸伤。

二、事故原因

（1）维修工杨某自主保安意识差，"敲帮问顶"制度执行不到位。

（2）韩某等现场施工人员安全互保意识不强，监护措施不到位，在施工时未能及时发现并排除隐患。

（3）工区跟班管理人员对采煤工作面煤壁破碎可能发生片帮危险的地点未足够重视，现场安全监督管理不到位。

3 月 10 日 顶板冒顶事故案例分析

一、事故经过

2015 年 3 月 10 日夜班，某煤矿在 -250 水平南翼轨道巷进行维修时，顶板突然落下部分碎矸石，工作人员立即停止作业，观察顶板情况。3 时左右，长 10 m、宽 3 m 的顶部矸石全部冒落。职工张某、安监员赵某立即向调度室汇报并通知在南翼带式输送机巷进行施工的人员全部撤出。

二、事故原因

（1）现场施工时未按照措施中"按照由顶到帮、由外向里的顺序依次进行"的规定进行施工，而是劈左帮 30 m、劈右帮 10 m，造成顶板大面积空顶。

（2）区队安全管理不到位，工程质量管理松懈，对现场存在的安全隐患没有及时发现并处理。

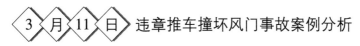

3 月 11 日 违章推车撞坏风门事故案例分析

一、事故经过

2012 年 3 月 11 日中班，某煤矿运搬工区安排电机车司机冯某、跟车工徐某、信号工谢某 3 人负责在二采煤仓放煤装车。冯某、徐某两人拉重车去往副井底，谢某一人将空车往道岔处推，由于掩车不牢，空车滑行至风门处将风门撞坏。

二、事故原因

（1）现场轨道有坡度，工人违章推车。

（2）未使用插棍挡车器，将插棍拔出放一边。

（3）工区安全管理不到位，职工安全意识差，操作不规范。

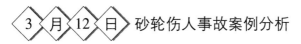

3 月 12 日 砂轮伤人事故案例分析

一、事故经过

2014 年 3 月 12 日，某煤矿采煤工区打眼工孙某在砂轮机房磨钻头时，由于用力过猛，砂轮破碎，打坏防护罩，砂轮碎片飞出，打在孙某的头部，造成一起工伤事故。

二、事故原因

（1）砂轮片磨损超限未及时更换，防护罩损坏未及时处理。

（2）孙某安全意识差，操作不当，现场站位不合理。

（3）工区对砂轮机的规范使用教育不到位，职工未进行规范操作。

 风门挤手事故案例分析

一、事故经过

2017 年 3 月 13 日中班，某矿掘二工区大班班长孟某带领李某、相某、任某 3 人往 3$_\text{上}$113 下顺槽运料。把料卸完以后，孟某、李某 2 人向外推空车。到达车场风门后，孟某去开风门，李某推着空车，开风门时孟某手抓住风门边，由于注意力不集中，手放置位置不当，矿车把孟某左手中指前端挤伤。

二、事故原因

（1）班长孟某安全意识淡薄，没有将风门开至最大位置后用木楔掩住，是造成这次事故的直接原因。

（2）推车工李某没有做好互保联保，没有及时提醒孟某，是事故的间接原因。

（3）工区班前会工作安排不严不细，对职工的安全教育不到位，是事故的又一原因。

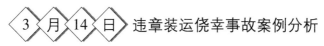 违章装运侥幸事故案例分析

一、事故经过

2002 年 3 月 14 日早班，某矿防治水队去西翼大巷运钻机，由于没有找到专用的钻机平板车，便将钻机直接放在普通平板车上，用铁丝进行固定。经过西翼大巷转弯时，钻机车掉道，险些将从该处经过的王某撞伤。

二、事故原因

（1）违章操作，运钻机时没有按规定使用专用钻机平板车。

（2）封车未执行运输管理规定，简单采用铁丝捆绑。

（3）过弯道未减速。

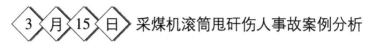

3 月 15 日 采煤机滚筒甩矸伤人事故案例分析

一、事故经过

2014 年 3 月 15 日中班，某煤矿综采工区 8203 工作面，当班班长安排采煤机司机王某、宋某二人开采煤机，当采煤机行驶到断层处时，由于要过断层抬刮板输送机过硬岩，造成该处刮板输送机溜槽倾角过大，导致采煤机滚筒甩出的矸石将王某砸伤。

二、事故原因

（1）采煤机运行到特殊地段时王某未足够重视，站在滚筒下方，采煤机滚筒甩出的矸石将其砸伤。

（2）过断层时抬刮板输送机过硬岩，造成刮板输送机溜槽倾角过大。

（3）宋某互保联保意识差，工作中没有及时提醒王某注意安全。

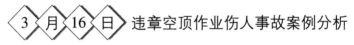

3 月 16 日 违章空顶作业伤人事故案例分析

一、事故经过

2014 年 3 月 16 日早班，某煤矿掘进工区在 1323 回风上山进行掘进作业。爆破后，班长高某在未"敲帮问顶"的情况下就安排 2 名职工使用前探梁，职工申某被工作面上方掉下的一块长 0.6 m、宽 0.3 m、厚 0.3 m 的矸石砸中背部，造成颈椎受伤。

二、事故原因

（1）班长违章指挥，空顶作业，在未"敲帮问顶"的情况下，安排职工进入工作面作业。

（2）区队对职工的安全教育不够，职工安全意识淡薄。

（3）现场安全管理人员监督不到位。

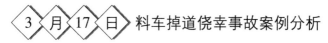 **料车掉道侥幸事故案例分析**

一、事故经过

2015 年 3 月 17 日中班，某煤矿运输工区在东二轨下山进行提升运输作业。当料车提升行进到中途时，绞车钢丝绳突然发生严重抖动，绞车司机马上停车，经班长查看，是保险绳吊挂不牢固中途落地钩住道节，造成料车掉道，险些酿成一起重大事故。

二、事故原因

（1）下车场把钩工责任心差，在连车时未能把保险绳捆牢系实，致使料车在行进过程中保险绳抖落钩住道节掉道。

（2）把钩工对本职工作范围内存在的危险因素辨识不到位。

（3）区队对职工教育不到位，现场安全管理人员监督检查不到位。

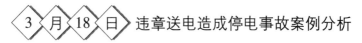 **违章送电造成停电事故案例分析**

一、事故经过

2011 年 3 月 18 日中班，某煤矿地面 35 kV 变电所检修完毕后，电工廖某在未拆除接地线的情况下送电，造成短路跳闸，导致全矿范围停电。

二、事故原因

（1）廖某责任心不强，安全意识淡薄，送电前未检查确认各开关柜是否具备送电条件，贸然送电。

（2）值班电工未能有效进行安全监督、提醒，现场未执行操作票制度。

 **窒息事故案例分析**

一、事故经过

2012 年 3 月 19 日早班，某煤矿井下发生一起窒息事故，死亡 2 人。该矿 15001 开切眼施工到位后，在长达一个多月待贯通时间内，对该巷道的通风、瓦斯管理不到位，违反《煤矿安全规程》规定，撤除了瓦斯传感器和风筒传感器，未对工作面进行瓦斯检查，对风筒脱节情况失察，造成风筒脱节处以里的巷道长期无风。在通风、瓦斯、氧气及其他有害气体浓度不明的情况下，掘进工区安排两名人员进入该巷道检查风筒和顶板情况，发现风筒断开后，违章把风筒接上，致使低氧（氧气浓度 7%）气体被吹出，两人继续前行时，吸入低氧气体导致窒息死亡。

二、事故原因

（1）该矿安全生产主体责任不落实，安全管理不到位。

（2）通风、瓦斯管理制度不落实，隐患排查治理不到位。

（3）管理人员安全意识淡薄，违章指挥。

（4）安全培训针对性不强，职工自主保安意识差，违章操作。

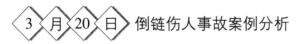 **倒链伤人事故案例分析**

一、事故经过

2005 年 3 月 20 日中班，6 号钻场 15 号孔施工完毕，需要调整钻机角度，防治水工区班长张某带领王某、牛某二人调钻，王某、牛某负责拉倒链吊起钻机。在摆正方位下放钻机过程中，王某、牛某发现倒链小链被挤住，二人遂往回硬拉，造成闭锁失灵，吊起的钻机失控，倒链小链急速下滑，链轮崩坏，打伤王某胳膊。

二、事故原因

（1）起重倒链存在缺陷，缺少护罩，现场施工人员未能检查出。

（2）王某、牛某违章蛮干，造成导链闭锁失灵，打坏链轮。

（3）工区对安全技术措施贯彻不严不细，职工对岗位业务知识学习不到位。

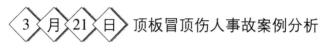

一、事故经过

2013 年 3 月 21 日早班，某煤矿 2203 综采工作面刮板运输机机尾，最后一架端头支架与进风顺槽巷帮之间发生局部顶板冒落，掉下一块长 0.6m、宽 0.6m、厚 0.2m 的矸石，将正在巡查工作的当班跟班队长魏某头部砸伤。

二、事故原因

（1）工作面机尾处应力集中，现场超前支护不规范，强度不够。

（2）现场作业人员安全意识差，对工作面端头存在的安全隐患认识不足。

（3）区队管理人员及安监员现场检查不仔细。

一、事故经过

2015 年 3 月 22 日早班，某煤矿掘进工区在第二集中运输巷进行巷修作业。接班后，班长朱某安排张某和李某搭设作业平台，并将开裂喷体用风镐找掉，随后朱某就去联系矿车。张某和李某仅是简单地利用梯子和风水管配合木板搭设了作业平台，在未系安全带的情况下，站在平台上开始用风镐打喷体。张某用风镐打喷体时不慎从平台上掉下来，造成右肋骨摔伤。

二、事故原因

（1）张某搭设的平台不合格，张某没有佩戴安全带，违章作业。

（2）职工自保互保意识差，高空作业时监护人未起到监护作用。

（3）区队安全教育和安全管理不到位，职工安全意识不强，管理人员监督不到位。

3 月 23 日 触电伤人事故案例分析

一、事故经过

2011 年 3 月 23 日 10 时 35 分，某煤矿主要通风机房配电室，机电工区电工苏某在更换 4 号高压开关 PT 柜避雷针时，触电身亡。

二、事故原因

（1）苏某在无人监护的情况下检修电气设备，未严格执行停电、验电、放电、挂接地线制度。

（2）区队管理不到位，职工安全意识差。

3 月 24 日 违章蹬钩事故案例分析

一、事故经过

2015 年 3 月 24 日夜班，某煤矿运输工区把钩工李某在提料下山现场与早班把钩工万某交接班后，万某有事急于上井，与李某一起挂好钩后打点起钩，并扒在矿车上蹬钩行进。当矿车行至距上变坡点 1 m 处时，由于矿车所装物料前轻后沉，重心不稳，造成钢丝绳弹起，致使矿车歪向巷道左帮，将万某挤伤。

二、事故原因

（1）把钩工万某安全意识淡薄，违反"行人不行车，行车不行人、不作业、不逗留"斜巷管理规定，违章蹬钩。

（2）把钩工李某互保联保意识差，对他人违章未加制止。

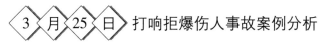 **打响拒爆伤人事故案例分析**

一、事故经过

2014 年 3 月 25 日中班，某煤矿掘进一队在 1306 掘进工作面施工，在爆破后安全检查员发现有拒爆，遂告诉了爆破员刘某。但由于爆破员刘某安全意识差，在没有找到拒爆脚线的情况下，没有通知任何人，这导致打眼工黄某在打眼过程中将拒爆打响，造成黄某面部崩伤。

二、事故原因

（1）爆破员刘某安全意识差，在没有找到拒爆脚线的情况下，没有通知任何人。

（2）打眼工黄某自主保安意识差，在打眼前没有认真检查是否存在安全隐患。

（3）现场跟班队长、安监员安全监督检查不到位。

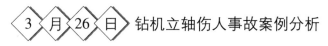 **钻机立轴伤人事故案例分析**

一、事故经过

2003 年 3 月 26 日，某煤矿防治水班调整钻机立轴角度进行开孔作业。当班班长徐某使用螺栓对钻机立轴进行松动，臧某在立轴前方照准开孔位置。由于徐某松动立轴过猛，致使立轴突然下落，碰到立轴前方的臧某，致使臧某肩膀受轻微伤。

二、事故原因

（1）班长徐某安全意识淡薄，没有意识到作业中易出现的危险。

（2）臧某没有站在安全位置，自保意识差。

（3）现场管理人员监督管理不到位，没有对安全工作重点进行着重强调。

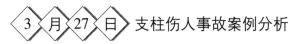 支柱伤人事故案例分析

一、事故经过

2013 年 3 月 27 日早班，某煤矿采煤工作面用刮板输送机运输板梁时，突然一根板梁后端抵住刮板，板梁窜出顶倒一根单体支柱，支柱砸中职工李某头部，造成重伤。

二、事故原因

（1）作业规程没有对工作面支柱的防倒措施进行明确；用刮板输送机运料时没有编制专项安全技术措施。

（2）李某站位不当，工作时注意力不集中，对用刮板输送机运输物料的危险性认识不足；李某的安全帽衬松旷，失去缓冲作用。

◇ 3 月 28 日 ◇ 违章操作掘进机事故案例分析

一、事故经过

2014 年 3 月 28 日中班，某煤矿综掘一队在 5507 开切眼工作，当工作面割出空顶后，打眼工郭某开始支钻机打锚杆。因掘进机截割头停放位置不合适，当班职工陈某随即开动掘进机重新摆放截割头，在截割头摆动过程中陈某误操作将截割头突然启动，将正在工作面打锚杆的郭某绞伤，郭某经抢救无效死亡。

二、事故原因

（1）掘进机割出空顶打锚杆前，未将掘进机按规定要求退

出并停电闭锁。

（2）无证职工陈某在工作面有人工作的情况下擅自违章操作综掘机。

（3）工区安全教育不到位，职工对工作岗位存在的危险有害因素辨识能力弱，自保互保能力差。

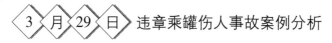

3 月 29 日 违章乘罐伤人事故案例分析

一、事故经过

2014 年 3 月 29 日中班，在某煤矿的副井井底罐笼前，职工等待升井，罐笼到位后，由于人员拥挤，职工余某不小心被挤到罐笼安全门上碰伤脸部，造成轻微伤。

二、事故原因

（1）职工安全意识差，纪律观念淡薄，没有执行排队候罐制度。

（2）副井井底把钩工责任心不强，对职工违反乘罐制度的监管力度不够。

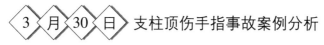

3 月 30 日 支柱顶伤手指事故案例分析

一、事故经过

2014 年 3 月 30 日早班，某煤矿采三工区区长王某安排在 7110 工作面放 20 节煤，班长李某根据所放节数安排齐某、李某共同擢 5 节煤，11 时左右齐某、李某开始分开擢煤。齐某看到爆破崩歪的临时支柱于是就去扶起来，他把柱底正好放在运行的刮板输送机上，支柱顶在铰接顶梁上，造成齐某抓支柱的右手无名指被挤断。

二、事故原因

（1）齐某操作技能水平低、自保意识差，违章操作是造成事故的主要原因。

（2）班长李某分工时没有安排老工人对齐某进行有效监护，是造成事故的重要原因；李某与齐某共同擂煤，没有起到互保作用，是造成事故的重要原因。

（3）区长王某现场安全管理不到位，平时对工人的安全教育力度不够，是造成事故的重要原因。

◇ 3 ◇ 月 ◇ 31 ◇ 日 违章爆破事故案例分析

一、事故经过

2006 年 3 月 31 日中班，某煤矿炮采工区中班人员爆破完毕后，工人开始进入工作面进行作业。此时，工作面的刮板输送机有开不动的现象。18 时 30 分左右，安监员在刮板输送机机头上方约 8 m 处听到刮板输送机机尾方向传来爆炸声，便前去察看原因，在跑到集中材料巷风桥外约 50 m 车场处突然听到一声爆炸声，后发现风桥被炸毁。

二、事故原因

（1）爆破员在处理 16108 工作面上断层带底板岩石时违章爆破以及乳化炸药在爆炸过程中产生的滞后火焰，引发煤尘爆炸。

（2）产生了尘源：一是在中班爆破后，部分工人已进入工作面擂煤，且工作面爆破后没有采取洒水清尘措施，工作面浮煤较多；二是在爆破时，冲击波引起附近煤尘飞扬。

（3）6108 采煤工作面综合防尘措施、井下爆破管理制度落实不到位。在该工作面爆破前后，没有采取综合防尘措施进行防尘，造成煤尘堆积，导致爆破火焰引起煤尘爆炸。

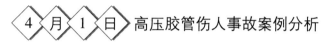

4 月 1 日 高压胶管伤人事故案例分析

一、事故经过

2006 年 4 月 1 日，某煤矿防治水工区钻探工孙某在对钻孔进行打压试验时，由于没有对泥浆泵进行泄压，便打开高压胶管连接，造成高压胶管甩出，击伤自己的左小腿。

二、事故原因

（1）钻探工孙某，安全意识淡薄，违章作业，是造成事故的直接原因。

（2）跟班管理人员管理不严不细，没有对存在的隐患进行重点监督。

（3）工区现场管理不到位，没能认真排查出现场存在的问题，是造成事故的又一主要原因。

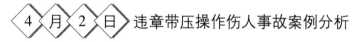

4 月 2 日 违章带压操作伤人事故案例分析

一、事故经过

2013 年 4 月 2 日中班，某煤矿综采队维修工华某在更换支架液压管时，由于拆卸液压管困难，采用送液高压冲击的方法拆卸，因冲击压力较大，其未能抓住液压管，被液压管反弹抽击大腿致伤。

二、事故原因

（1）伤者华某对维修技术掌握不熟练，违反操作规程，没有采取正确方法拆卸液压管。

（2）同组工作人员没有做好互保联保，安全监护不到位。

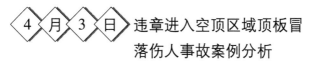 **4** 月 **3** 日 违章进入空顶区域顶板冒落伤人事故案例分析

一、事故经过

2015年4月3日早班，某煤矿掘进队队长冉某与爆破员刘某到二水平西翼2106掘进工作面作业。10时左右，第二轮爆破后未等烟雾散尽，刘某和冉某进入工作面查看爆破效果，发现爆破效果较差，正在商量如何处理时，工作面顶板局部冒落，冒落的岩石将二人埋压，造成刘某压迫性窒息死亡，冉某高位截瘫。

二、事故原因

（1）伤者违反操作规程，爆破后没有等炮烟散尽就匆忙进入工作面查看现场情况，自保意识差。

（2）二人进入工作现场没有先进行"敲帮问顶"，没有检查顶板以及两帮围岩情况，而是进入空顶区域检查爆破效果，身处空顶区域。

 **4** 月 **4** 日 跑车事故案例分析

一、事故经过

2015年4月4日中班，某煤矿运输工区班长孔某安排绞车司机李某、上把钩工祝某、下把钩工薛某运废料。18时左右两车废料运至1203轨顺联络巷时，祝某连好两辆矿车后准备挂钩头，发现钩头不够长，联系绞车司机李某放绳，绞车司机送电时发现隔离把手送不上电，遂请祝某帮忙送电，祝某送电后忘记连

钩头就打开联动挡车门、阻车器，阻车器打开时碰到矿车，导致两矿车下滑撞坏上车场挡车道梯，矿车跑至下车场道梯处停下。

二、事故原因

（1）绞车开关送不上电，把钩工祝某去帮忙忘记连接钩头就打开联动挡车门和阻车器，造成跑车。

（2）轨道存在坡度，阻车器打开时碰到矿车，矿车下滑，造成跑车。

（3）没有在规定地点连接矿车，矿车存放位置不当。

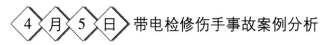

4 月 5 日 带电检修伤手事故案例分析

一、事故经过

2014 年 4 月 5 日中班，某煤矿采煤工区电工张某处理开关故障，半小时后没修好准备更换开关，在抽出开关负荷线时，误碰到带电的电源线，引起相间短路，电弧将张某左手背灼伤。

二、事故原因

（1）电工张某未认真执行设备检修停电制度，带电检修电气设备。

（2）开关接线室中没有"小心有电"电源隔离板，使电源接线柱与负荷接线柱之间失去防护。

（3）工区设备管理不到位，特殊工种现场安全操作技能差。

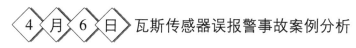

4 月 6 日 瓦斯传感器误报警事故案例分析

一、事故经过

2002 年 4 月 6 日 8 时，某煤矿传感器调校工李某给矿监测中心值班员打电话说要调校传感器，申请屏蔽数据上传。10 时矿监测中心室有报警声响，显示是 1807 采煤工作面瓦斯超限，浓度为 1.05%。10 时 2 分，集团公司调度中心刘某打电话来询问情况，同时各领导也收到报警短信，并赶赴现场。矿监测中心值班员了解情况后汇报，警报是井下调校传感器所致。

二、事故原因

（1）经调查，矿监测中心值班员未及时屏蔽传感器，造成 1807 采煤工作面瓦斯传感器报警信息上传。

（2）传感器调校工李某责任意识差，虽提前给值班员打了电话，但没有书面报告，调校前也没有再电话通知，这是造成事故的另一原因。

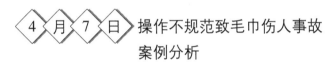

4 月 7 日 操作不规范致毛巾伤人事故案例分析

一、事故经过

2007 年 4 月 7 日早班，某矿防治水工区在 10102 工作面进行钻探作业，职工田某在卸钻杆时，脖子上松散的毛巾被钻杆缠住，造成脖子瘀血。

二、事故原因

（1）田某自主保安意识差，操作行为不规范，没有做到"三紧、两不要"。"三紧"指的是袖口、领口、衣角必须扎紧，"两不要"指的是不要戴手套，不要把毛巾露在衣领外。

（2）跟班管理人员监督管理不到位，对不安全行为没有及时制止。

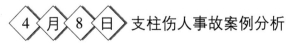

4 月 8 日 支柱伤人事故案例分析

一、事故经过

2015 年 4 月 8 日早班，某煤矿综采工区 8701 工作面职工侯某和杨某在下端头回撤煤壁第二根支柱时，由于顶部压力大，造成顶梁受力弯曲，支柱卸压后顶梁突然反弹，杨某躲闪不及被打倒，安全帽被打裂，头右部被破裂的安全帽擦伤。

二、事故原因

（1）由于顶部压力大，顶梁受压弯曲积聚了一定弹性能量，形成了安全隐患，支柱卸压后顶梁突然反弹，造成事故。

（2）杨某安全意识淡薄，自主保安意识差，回撤顶梁时处理不当，对现场存在的安全隐患认识不到位，没有采取任何防范措施。

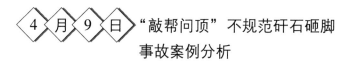

"敲帮问顶" 不规范矸石砸脚事故案例分析

一、事故经过

2015 年 4 月 9 日中班，某煤矿掘进工区 3012 工作面爆破后，当班职工陈某用手镐进行"敲帮问顶"时被掉落的矸石砸伤左脚脚趾。

二、事故原因

（1）陈某进行"敲帮问顶"时操作不规范，未使用专用工具，且无专人监护。

（2）现场作业人员互保联保意识差。

（3）对支护质量检查不到位，支柱自动卸载后初撑力不足。

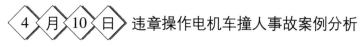

违章操作电机车撞人事故案例分析

一、事故经过

2013 年 4 月 10 日夜班，某煤矿运输工区刘某在地面开着 2 号电机车驶向井口方向。工区仓库保管员王某正走到重车道中心，由于刘某家中有事一晚没睡，身体比较困乏，在发现前方有人时才猛然惊醒，误将手把推至快挡，电机车将王某撞倒，造成重伤。

二、事故原因

（1）刘某工作期间精力不集中，违章操作。

（2）工区对薄弱人物排查不到位，安全教育不到位。

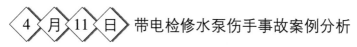

4 月 11 日 带电检修水泵伤手事故案例分析

一、事故经过

2014 年 4 月 11 日早班，某煤矿掘二工区值班区长王某安排 4 名电工到 8320 轨道巷更换水泵。8 时 20 分左右，电工赵某检查备用泵完好情况，在明知未停电的情况下，打开接线室，直接用手持导线短接接线柱，造成短路弧光，将赵某右手灼伤。

二、事故原因

（1）电工赵某图省事、怕麻烦，未使用专用检测工具摇测水泵绝缘电阻，而是直接手持电源引线触碰接线柱检测水泵，严重违章作业。

（2）现场作业人员互保联保意识差，明知赵某违章作业可能造成严重后果，未进行制止，共同违章。

（3）值班管理人员班前会安排工作没有针对性，现场管理不严不细。

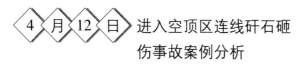

4 月 12 日 进入空顶区连线矸石砸伤事故案例分析

一、事故经过

2006 年 4 月 12 日早班班前会上，某煤矿掘一工区安排赵某班在 7306 机巷施工钻机房。该班下井后即爆破出煤。11 时 20

分爆破员边某对顶部岩石上的 8 个炮眼连线爆破，由于发爆器存在故障前两次爆破未响，第三次响炮后，队长、班长、爆破员到现场检查爆破情况，发现只有三个炮眼引爆，其余未响。12 时 10 分边某在未执行"敲帮问顶"的情况下，即低头准备连线爆破，此时帮上大块岩石（重约 15 kg）片落下来，砸在其所戴安全帽上，导致边某腰椎受挫和左侧耳后部轻伤。

二、事故原因

（1）爆破员边某自主保安意识差是造成事故的直接原因。

（2）队长许某、班长赵某没有执行现场"敲帮问顶"制度，是造成事故的另一直接原因。

（3）掘一工区区长刘某、跟班管理人员邵某明知无措施擅自施工，违章指挥，是造成事故的主要原因。

（4）包片安监员张某两次到过现场，并未对新开门地点的施工措施进行检查询问，现场监督检查不到位，是造成事故的重要原因。

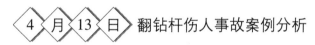

◇4◇月◇13◇日◇ 翻钻杆伤人事故案例分析

一、事故经过

2014 年 4 月 13 日早班，某煤矿防治水工区副区长杨某班前会安排班长周某带领 5 名职工到二采上山钻机房翻钻杆，杨某下井后便到钻机房与职工一起翻钻。约 11 点 30 分当翻钻杆接近一圈时，钻杆从孔内迅速翻开，由于当时职工王某注意力不集中，因此被翻开的钻杆划破额头。

二、事故原因

（1）职工王某自主保安意识差，作业时注意力不集中。

（2）跟班管理人员杨某现场安排工作不严不细，防范措施安排不具体。

（3）工区对职工安全教育不到位，职工安全意识差。

4 月 14 日 高压管老化伤人事故案例分析

一、事故经过

2015 年 4 月 14 日夜班，某煤矿采一工区班长罗某安排液压支架工孙某与陈某在 7306 工作面负责拉移液压支架工作。凌晨 4 时左右，孙某在操作 29 号支架时，推拉油缸上的 φ13×1.5 m 的高压胶管突然鼓开，致使孙某的左眼被管内液体击伤，造成轻伤。

二、事故原因

（1）29 号液压支架管路已服务两个工作面，支架管路老化。

（2）孙某自保意识不强，在操作液压支架前，未认真检查该支架液压管路完好情况。

（3）采一工区对现场设备的完好情况检查不到位；对职工的安全教育力度不够，职工安全意识差。

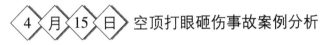

4 月 15 日 空顶打眼砸伤事故案例分析

一、事故经过

2014 年 4 月 15 日中班，某煤矿掘三工区班长王某带领 7 名职工到 10 层轨道上山施工。工作面爆破后，王某和邢某向前移前探梁时发现工作面成形不好，在没有使用大板接顶也没有打锚杆支护的情况下，安排爆破员邢某等人打眼放崩炮。18 时 25 分，工作面一块离层矸石突然冒落，把正在打眼的王某砸倒，造成腰部受伤。

二、事故原因

（1）班长王某违章指挥，没有执行"敲帮问顶"制度，在前探梁没有使用接顶大板情况下安排打眼，造成自身伤害。

（2）跟班安全人员管理不到位，对现场职工违章以及存在的安全隐患没有及时发现和制止。

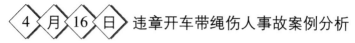 **违章开车带绳伤人事故案例分析**

一、事故经过

2014 年 4 月 16 日夜班，某煤矿运输工区绞车司机刘某在 −480 轨道上山上车场正常提升。1 时 10 分左右，当三辆重车提至上车场时，把钩工王某在重车未停稳的情况下摘钩头，由于矿车前有余绳，绞车司机刘某操作绞车带绳，钢丝绳突然弹起，将正在摘钩头的王某击伤，造成王某右小腿骨折。

二、事故原因

（1）绞车司机刘某安全意识淡薄，没有认真观察绞车前方情况，违章开车带绳。

（2）把钩工王某在重车没有停稳的情况下违章摘钩。

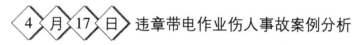 **违章带电作业伤人事故案例分析**

一、事故经过

2014 年 4 月 17 日早班，某煤矿采煤工区 3201 下顺槽出现跳闸现象。9 时 40 分许，电工罗某、王某二人将四通接线盒打开检查，王某手扶外盖，罗某用电笔验电，在验电过程中发生线路相间短路。短路产生的弧光将罗某、王某二人的脸部与右手灼伤。

二、事故原因

（1）电工违反机电操作规程，在未停电的情况下违章带电作业（检修供电系统接线盒），导致线路发生相间短路产生弧光伤人，这是造成事故的直接原因。

（2）区队安全教育不到位，职工安全意识差，存在图省事、怕麻烦的不良心理。

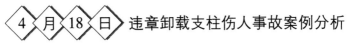 **违章卸载支柱伤人事故案例分析**

一、事故经过

2003 年 4 月 18 日早班，某煤矿采一工区职工孔某在 7107 工作面上面攉完煤准备挂梁子时，发现断层区的 2 架梁子紧贴顶板，无法操作。孔某在没有使用任何临时支护的情况下将梁子落下重新调整，此时顶板失控冒落砸中孔某腰部，造成重伤。

二、事故原因

（1）孔某对工作岗位存在的隐患没有正确辨识和排查，盲目施工。

（2）没有执行先支后回制度，没有及时打点柱。

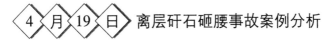 **离层矸石砸腰事故案例分析**

一、事故经过

2004 年 4 月 19 日中班，某煤矿掘二工区区长吴某安排班长王某带领厂各职工到 10200 轨道上山施工。18 时左右，工作面爆破后，王某和邢某前移前探梁，但没有使用大板接顶。王某发现工作面成形不好，在没有打锚杆的情况下指挥爆破员邢某等打眼爆破，让张某收拾工具回撤。6 时 25 分，工作面一块离层矸石突然剥落，把正在协助定炮的王某砸倒，砸伤腰部。

二、事故原因

（1）班长王某违章指挥，没有执行"敲帮问顶"制度，在前探梁没有使用接顶大板情况下安排工人打眼定炮。

（2）邢某、张某自保互保意识不强，对违章指挥采取服从的态度，盲目蛮干。

（3）掘二工区对职工安全教育不够，安全管理不到位。

（4）分片管理员、跟班安监员对现场检查不仔细，对工作面隐患没有及时排查整改，是造成事故的间接原因。

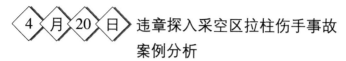 **违章探入采空区拉柱伤手事故
案例分析**

一、事故经过

2014 年 4 月 20 日早班，某煤矿 6313 综采工作面职工葛某与高某在下顺槽端头进行回柱作业，在回撤最后一根支柱时，支柱泄压后倒向采空区，于是高某伸手去拽支柱，被突然掉落的矸石砸伤右手。

二、事故原因

（1）高某现场操作行为不规范，违章探入采空区拉拽支柱，未使用长把工具。

（2）葛某互保联保意识不强，未对高某的违章行为及时制止。

（3）区队安全行为规范教育不严不细，职工规范操作意识差。

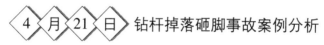 **钻杆掉落砸脚事故案例分析**

一、事故经过

2012 年 4 月 21 日早班，某煤矿掘进工区支护工周某、李某在 7320 胶带顺槽工作面打锚索，当第 1 节钻杆打完下放钻机准备接第二节钻杆时，李某被突然从钻孔中掉出的钻杆砸伤左脚。

二、事故原因

（1）接钻杆人员周某操作不当，没有用手抓住钻杆，而是将钻杆留在钻孔中，埋下安全隐患，导致钻杆突然掉下伤人。

（2）锚索机操作工李某安全意识淡薄，接钻杆时站位不当，思想麻痹大意，没有意识到钻杆会突然掉落伤人。

4 月 22 日 跑车事故案例分析

一、事故经过

2014 年 4 月 22 日中班，某煤矿 2105 轨道上山上车场绞车司机张某听到松车信号后开始回点松车，当把钩工向下推重车时，司机张某发现滚筒余绳过多慌忙将车刹死，由于重车已过变坡点，巨大的重力将钢丝绳拉断，造成跑车。

二、事故原因

（1）绞车司机责任心不强，开车前没有对余绳进行检查处理。

（2）绞车司机经验不足，紧急情况下处理措施不当。

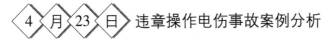

4 月 23 日 违章操作电伤事故案例分析

一、事故经过

2013 年 4 月 23 日中班，某煤矿掘进工区 16 时在一采区变电所将 55 号开关停电，接通风机电源。约 16 时 10 分，机电工区电气维修工王某和李某到变电所检修电气设备。王某看到 55 号开关挂有停电牌，就利用掘进工区的停电时间对该开关进行检查。打开开关上盖后，将电源隔离板取下。此时开关的电源侧带电，负荷侧没有电。清理后加凡士林的过程中，王某的袖口不慎将一个三用套筒带入开关的接线腔内，引起电源侧相间短路产生电弧，电弧瞬时将王某右手皮肤全部烧伤。

二、事故原因

（1）机电维护工王某未执行验电、放电、挂接地线的操作规定及停送电制度，违章借用其他单位停电时间带电作业，将套筒带入开关接线腔内，引起电源侧相间短路，产生电弧。

（2）检修电气设备时，未严格执行"一人操作，一人监护"的操作规定，王某穿戴不齐，袖口没有扎紧，操作不规范，李某现场监护不到位。

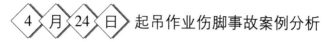 **4 月 24 日 起吊作业伤脚事故案例分析**

一、事故经过

2014 年 4 月 24 日中班，某煤矿综采工区班长张某带领本班人员在 2101 工作面组装采煤机。约 21 时 30 分，职工张某用倒链将采煤机右摇臂拉起，在起吊时，采煤机右摇臂滑动，张某右脚未及时挪开，被连接在摇臂上的调高油缸砸伤，造成轻伤。

二、事故原因

（1）张某自主保安意识差，在吊装大件时身体未离开重物下方。

（2）跟班管理人员现场监管不到位。

 **4 月 25 日 拒爆爆炸伤人事故案例分析**

一、事故经过

2013 年 4 月 25 日中班，某煤矿开拓工区李某班在十采区带式输送机巷正常组织生产，耙装完工作面矸石后，班长李某安排王某、陈某在耙装机右后侧施工水沟，约 18 时 10 分，耙装机后边有爆炸声，李某马上赶到现场，发现王某、陈某二人被炸伤。

二、事故原因

（1）王某、陈某二人使用风镐挖水沟时，对未松动的原岩可能存在拒爆的危险性认识不足，风镐击中水沟侧下部底板中遗留的拒爆，致使拒爆发生爆炸，造成二人受伤。

（2）根据开拓工区 10 月记录的收尺台账确认，该地点位于 10 月 22 日早班施工的范围内，当班爆破后未排查出瞎炮，人为留下隐患。

（3）现场管理人员对事故隐患排查不力，落实作业规程不严不细。

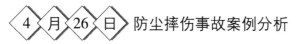 防尘摔伤事故案例分析

一、事故经过

2014年4月26日早班，某煤矿运输工区职工李某在1600轨道下山进行巷道冲尘过程中，脚下湿滑摔倒，将尾椎骨摔骨裂，造成一起工伤事故。

二、事故原因

（1）李某在下山冲尘过程中注意力不集中，对自身岗位存在的危险有害因素辨识不到位。

（2）区队对零星作业地点人员安全教育不到位。

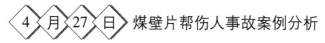 煤壁片帮伤人事故案例分析

一、事故经过

2014年4月27日，某煤矿综采一工区1613工作面早班和夜班交接班期间，工作面支架已全部移到位，因人行道侧行走困难，早班采煤机司机王某在煤壁侧行走过程中，煤壁片帮砸伤王某腿部，造成左腿骨折。

二、事故原因

（1）王某安全意识差，存在图省事、怕麻烦的错误心理，违章在煤壁侧行走。

（2）工区班前会安排不到位，对安全注意事项没有重点强调。

（3）交接班期间，工区管理人员、安监员疏于管理。

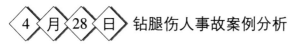 钻腿伤人事故案例分析

一、事故经过

2013 年 4 月 28 日早班，某煤矿掘进工区在 11501 迎头进行打眼工作，王某、孟某等人在打底部眼时（离底板约 300 mm），因钻机钻腿不好固定，孟某在底板挖了个窝，将钻腿放在窝里，由王某操作钻机，孟某用脚蹬住钻腿防止滑出。这时职工刘某经过钻腿后方时，钻腿突然滑出，将刘某左脚划伤。

二、事故原因

（1）现场施工人员互保意识差，钻机钻腿固定不牢，施工麻痹大意，造成钻腿滑出。

（2）伤者安全意识不强，没有考虑到钻腿可能蹬出造成事故。

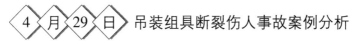 吊装组具断裂伤人事故案例分析

一、事故经过

2015 年 4 月 29 日早班，某煤矿安装工区在 1309 工作面回撤液压支架，耿某、黄某、李某负责支架装车工作。11 时 20 分，工作人员将 73 号支架起吊后，吊装点右侧的吊装组具断裂，支架前梁摆动将耿某碰伤，造成耿某右臂及肋骨骨折。

二、事故原因

（1）耿某安全意识差，对现场的危险有害因素辨识不到位，支架起吊时站位不安全。耿某作为支架装车工作的负责人，作业前未对现场起吊工具的完好情况进行确认。

（2）现场安全管理人员隐患排查不到位，对重点环节监管不到位。

（3）区队安排工作不细致，对重点工作环节的注意事项强调不到位。

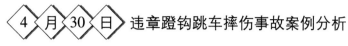

违章蹬钩跳车摔伤事故案例分析

一、事故经过

2012 年 4 月 30 日早班，某煤矿综采队向工作面转运溜槽，溜槽在平板车上发生重心偏移，当用稳车提升至第二联络巷口巷道坡度较大处时，平板车前轮翘起，班长陈某安排职工赵某站在车头压车找平衡后继续前行，向前行走到变坡点处车辆又出现翘头现象，赵某忙喊快停车并慌忙跳车，平板车掉道，赵某右腿摔伤。

二、事故原因

（1）班长陈某处理偏重车措施不当，采用人体重量找平衡的方法处理车辆偏重现象，违章指挥。

（2）赵某自保意识差，不但没有拒绝班长的违章指挥，还参与违章作业，造成自身伤害。

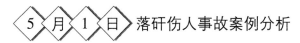

一、事故经过

2005 年 5 月 1 日夜班，某煤矿炮采工区班长祝某安排李某在 7303 采煤工作面刮板输送机机头攉煤。11 时 30 分左右，李某攉煤时发现顶板有离层矸石，但没有及时清除，在攉煤过程中离层矸石落下，砸中其腰部造成轻伤。

二、事故原因

（1）李某找顶不彻底，在没有使用临时支护的情况下就探身攉煤。

（2）班长祝某在安排工作时对现场隐患没有认真排查整改。

（3）跟班区长朱某现场安全管理不到位，检查不严不细；炮采工区没有严抓职工安全教育，个别职工安全意识淡薄。

一、事故经过

2013 年 5 月 2 日中班，某煤矿安检员赵某和通风队测风员李某走到 1300 运输大巷时，便携仪报警，且越往里走瓦斯浓度越高，最高达 3%。两人立即通知现场人员停止作业，切断绞车及带式输送机电源，并分别向调度室和通风队汇报。

二、事故原因

（1）1302 工作面开切眼贯通后扩开切眼期间，通风队没有足够重视，未采取有效的防范措施，也没有及时调整通风系统，造成巷道风量不稳，是造成事故的主要原因。

（2）瓦检员现场检查不到位，没有及时发现巷道风量小，造成瓦斯积聚，是造成事故的另一原因。

5 月 3 日 片帮伤人事故案例分析

一、事故经过

2014 年 5 月 3 日夜班，某煤矿掘二工区班长程某带领赵某等三人在 6512 轨道上山工作面打顶部锚杆，打完第二根锚杆眼准备装药卷时，工作面约 0.3 m 厚、1.3 m 长、1 m 宽的煤壁突然发生片落，将赵某拥倒砸伤。

二、事故原因

（1）工作面顶板出水，加上支护震动，煤壁容易开裂片帮，现场没有坚持"敲帮问顶"制度，对现场施工条件较差的状况没有引起足够重视，安全措施落实不到位。

（2）施工人员安全意识淡薄，怕麻烦，思想麻痹大意，未能及时观察工作面顶帮变化情况，且背对工作面施工。

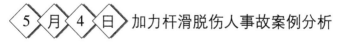

5 月 4 日 加力杆滑脱伤人事故案例分析

一、事故经过

2014 年 5 月 4 日早班，某煤矿运输工区班长毛某带领三人在井底材料库转运工字钢。约 10 时 23 分，装完车后，毛某在用钢丝绳封车打摽时所使用的加力杆滑脱，飞出的摽棍将站在旁边的职工许某打伤，造成许某下颌骨骨折。

二、事故原因

（1）班长毛某工作时注意力不集中致使加力杆滑脱。

（2）许某站在不安全位置，自我防护意识差。

（3）区队值班人员安排工作不细，对安全注意事项未作重点强调。

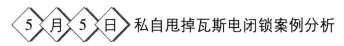

5 月 5 日 私自甩掉瓦斯电闭锁案例分析

一、事故经过

2014 年 5 月 5 日早班，某煤矿 9311 综采工作面回风流瓦斯浓度达到 1.8% 并导致报警，因瓦斯电闭锁被跟班电工甩掉，工作面动力电源未实现断电，跟班管理人员听汇报后没有停止割煤，指挥继续生产，后被矿安全管理人员发现后责令停止。

二、事故原因

（1）跟班电工安全意识淡薄，违章私自甩掉瓦斯电闭锁。

（2）跟班管理人员重生产轻安全，明知瓦斯超限的情况下违章指挥继续作业。

（3）监测工未能及时发现瓦斯电不闭锁。

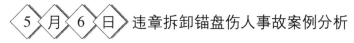

5 月 6 日 违章拆卸锚盘伤人事故案例分析

一、事故经过

2014 年 5 月 6 日早班 10 时左右，某煤矿防治水工区在 5306 轨道巷挪移钻机串车，当串车移到位后，班长邱某擅自将顶部的两处支护锚杆的锚盘卸掉，在起吊钻机串车下道时，顶板突然垮落将邱某砸伤。

二、事故原因

（1）班长违章作业，拆卸顶部支护锚盘当作吊装锚杆，导致事故发生。

（2）邱某安全意识淡薄，工作中存在侥幸心理。

（3）工区安排工作不严不细，安全管理和教育流于形式。

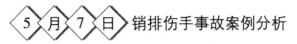

5 月 7 日 销排伤手事故案例分析

一、事故经过

2013 年 5 月 7 日夜班，某煤矿综采工区 1103 工作面，采煤机司机徐某看护下摇臂，采煤机向下行走割煤。当采煤机行走至 68 号支架时，徐某发现 69 号支架处销排一端翘起，随即将采煤机停下，用手清理销排内的积煤。此时一损坏的刮板在溜尾出槽碰到该销排，将徐某右手食指挤骨折。

二、事故原因

（1）采煤机司机徐某图省事、怕麻烦，在刮板输送机未停的情况下处理销排故障。

（2）设备检修不到位，对设备带病运行不及时处理，在刮板输送机不完好、销排缺销子等隐患没处理前就生产。

（3）工区安全教育、现场监督检查不到位。

5 月 8 日 风钻伤人事故案例分析

一、事故经过

2014 年 5 月 8 日早班，某煤矿掘进一区在 7523 工作面打完炮眼后，班长安排胡某将风水管及风钻外撤，胡某在拉拽风管时将立在帮上的风钻拉倒，砸在爆破员程某的后背上，造成程某椎骨骨折。

二、事故原因

（1）胡某工作图省事、怕麻烦，互保联保意识差，现场工作没有做到"四不伤害"。

（2）工区对职工安全教育不到位，现场安全监管也不到位。

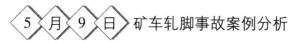

5 月 9 日 矿车轧脚事故案例分析

一、事故经过

2014 年 5 月 9 日夜班，某煤矿掘三工区班长张某、职工桑某在一采区下车场清理水沟淤渣。淤渣装满矿车后张某和桑某一起推车，在推至道岔处时便推不动了，于是张某在后面推车，桑某在前面拉车，由于两人配合不当，造成矿车前轮转动轧在桑某的脚趾上，导致右脚脚趾被轧伤。

二、事故原因

（1）桑某自保意识差，违章在车前拉车，违反人力推车管理规定。

（2）班长张某互保意识差，未尽到班长安全监管的职责。

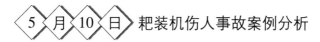

5 月 10 日 耙装机伤人事故案例分析

一、事故经过

2014 年 5 月 10 日早班，某煤矿 3200 轨道上山工作面前移耙装机。当耙装机上移 3 m 时突然停电，绞车制动失灵，耙装机失控下滑掉道，卸料槽歪斜调头，将跟随在耙装机后的班长孔某挤到巷帮，造成重伤事故。

二、事故原因

（1）现场作业人员安全意识淡薄，图省事、怕麻烦，使用刹车不完好的绞车牵引耙装机。

（2）在牵引耙装机过程中，孔某违章跟机随行，停电后耙装机下滑掉道造成事故。

（3）现场没有安全管理人员监督，安全管理不到位。

 喷体冒落伤人事故案例分析

一、事故经过

2006 年 5 月 11 日夜班，某煤矿掘进二区区长吴某安排在 7100 下山工作面复喷巷道并用造假顶方式处理一局部冒落处。班长张某带领赵某、张某及交接员窦某等人造假顶，开始想用锚杆把造假顶用的铁管吊住，由于顶板不好，锚杆打不上，就决定用铁丝吊挂铁管。在现场没找到足够粗铁丝的情况下，用 3 股 16 号铁丝把一寸铁管吊在以前喷浆露着的网角和锚杆上，每根铁管都固定 3~4 个点，顺着巷道均匀布置了 5 根铁管，铁管上铺上金属网，网上又铺了竹笆，并用道木接顶。吊上一根铁管的时候，工区区长吴某到了现场，对铁管固定方式也没有提出异议，并在现场盯着把顶吊好。喷浆时，交接员窦某喷浆，吴某在一旁照明。大约 3 时，假顶冒落，吴某躲闪不及，被冒落的物料及喷体砸伤左腿，造成小腿骨折。

二、事故原因

（1）造假顶固定铁管的铁丝太细，不能承受喷体和物料的重量，是造成喷体冒落的直接原因。

（2）工区区长吴某违章指挥，安排工作随意性大，施工没有措施，是造成事故的主要原因。

（3）班长张某、交接员窦某违章指挥，在打不上锚杆的情况下安排工人用细铁丝吊挂，是造成事故的重要原因。

（4）当班职工安全意识和自保互保意识差，对违章指挥不拒绝不制止，并违章作业，是造成事故的又一重要原因。

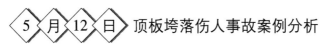 顶板垮落伤人事故案例分析

一、事故经过

2013 年 5 月 12 日中班，某煤矿掘五队被安排在 8111 进风巷

施工，作业人员到达工作地点后，跟班队长发现巷道内锚索支护数量不够，工作面顶板局部塌落且锚索未加压。为赶进尺，在隐患未排除的情况下跟班队长违章指挥工人进入迎头打眼，在打眼过程中顶板突然垮落，造成 2 人被埋压死亡。

二、事故原因

（1）跟班队长在顶板锚索数量不够且未加压的情况下，违章指挥工人进入迎头作业，造成顶板垮落伤人事故。

（2）职工安全意识淡薄，盲目服从，未坚持正规操作。

（3）区队重生产、轻安全，对职工违章采取默认态度。

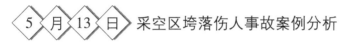

5 月 13 日 采空区垮落伤人事故案例分析

一、事故经过

2015 年 5 月 13 日夜班，某煤矿 1605 采煤工作面，当工作面割完四刀煤后，机巷端头控顶距超规定，班长高某为赶产量，决定割完第五刀后在顶转载机前移机巷刮板输送机。凌晨 3 时 30 分，端头支护工梁某、尹某回撤端头支柱时，采空区侧顶板突然垮落，推倒支柱将梁某头部砸伤，经抢救无效死亡。

二、事故原因

（1）班长高某重生产轻安全，现场违章指挥。

（2）梁某、尹某自保互保意识差，冒险作业。

（3）区队现场跟班管理安全监管不到位。

5 月 14 日 矸石伤人事故案例分析

一、事故经过

2014 年 5 月 14 日早班，某煤矿掘进工区跟班队长章某，在 10231 带式输送机巷爆破后使用前探梁进行临时支护时，被工作面片落的矸石砸中左肩部。

二、事故原因

（1）跟班队长章某在爆破后没有安排专人进行"敲帮问顶"工作，便使用前探梁进行临时支护。

（2）职工在进行临时支护时，自保互保意识差，人员站位不当。

（3）工区对职工的安全教育不够，对顶板管理重视程度不够。

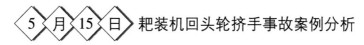

5 月 15 日 耙装机回头轮挤手事故案例分析

一、事故经过

2014 年 5 月 15 日夜班，某煤矿掘进工区班长李某带领职工史某、王某二人在 1106 下顺槽耙装时，发现耙装机钢丝绳卡在了回头轮转动部分与固定板之间，便停机处理。史某取下并抱住回头轮，李某用力拽动钢丝绳，抽绳中史某的左手无名指被挤在回头轮转动部分与一侧固定板之间，致使其左手无名指骨折。

二、事故原因

（1）职工史某自主保安意识差，在处理回头轮挤绳故障时用手握持回头轮，方法不当。

（2）班长李某安排工作不严不细，互保意识差，配合不到位。

5 月 16 日 进入盲巷窒息事故案例分析

一、事故经过

2013 年 5 月 16 日中班，某煤矿安装工区安排职工在 1120 带式输送机巷车场回撤物料，1 名工人离开现场擅自进入该车场西平巷造成窒息，经抢救无效死亡。

二、事故原因

（1）该矿安全生产主体责任不落实，现场隐患排查不到位，对存在的盲巷疏于监管，停风区域设置的栅栏有破口，且未设置警示标志。

（2）事故责任者安全意识淡薄，对现场危险有害因素辨识不到位，擅自进入盲巷。

（3）区队安全教育不到位，职工自主保安意识差。

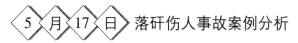

5 月 17 日 落矸伤人事故案例分析

一、事故经过

2006 年 5 月 17 日早班 9 时左右，某煤矿掘一工区质量验收员窦某在 7117 下轨道巷车场处检查右帮一失效竹锚杆时，右帮一块大约长 30 cm、厚 10 cm 的离层煤块冒落，砸在其所戴安全帽上，窦某头部鼓起一个包，颈椎神经压迫造成手抖动。

二、事故原因

（1）窦某安全意识差，检查锚杆前没有及时"敲帮问顶"，摘除活矸危岩；自保意识差，所戴安全帽帽圈不合格，失去弹性，起不到充分的安全保护作用，是造成事故发生的主要原因。

（2）工区跟班区长现场管理不到位、对工人教育不到位、现场安监员安全管理不到位也是造成事故发生的原因。

5 月 18 日 冒顶事故案例分析

一、事故经过

2014 年 5 月 18 日夜班，某煤矿 2203 综采工作面正常生产。凌晨 3 时左右，机巷带式输送机运行过程中突然发生压车现象，经检查发现 45 号皮带吊挂架处发生冒顶，冒顶区域长 5 m、高约 2 m。

二、事故原因

（1）2203 工作面机巷 45 号皮带吊挂架处有一条落差 3.5 m 的断层，现场顶板破碎，受采动影响发生冒顶。

（2）顶板管理责任不落实，对特殊地点的顶板管理疏于监管。

（3）区队日常隐患排查不到位，对顶板破碎地点不重视，未采取有效的支护措施。

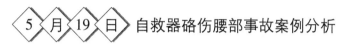

5 月 19 日 自救器硌伤腰部事故案例分析

一、事故经过

2014 年 5 月 19 日夜班，某煤矿掘一工区三队队长李某，在 406 下顺槽工作面爆破后挂网托网支护时，被工作面片落的矸石砸中右肩部导致摔倒，自救器硌伤腰部，造成第三节腰脊椎爆裂骨折和马尾神经损伤。

二、事故原因

（1）李某联网托网支护前，未认真落实"敲帮问顶"制度，以致顶板留有悬矸安全隐患。

（2）现场安全监督管理不到位，未尽到监督职责。

（3）区队对职工安全意识教育不够，职工对施工地点潜在的危害性预见不足。

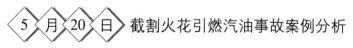

5 月 20 日 截割火花引燃汽油事故案例分析

一、事故经过

2014 年 5 月 20 日早班，某煤矿掘进工区地面维修工曾某在维修房用汽油清洗风镐零部件时，大班维修工刘某拿着一块角铁来到维修房后，便开启切割机截割角铁，产生的火花将现场的汽油引燃，将曾某双手重度烧伤。

二、事故原因

（1）维修工刘某安全意识淡薄，违章擅自使用切割机，在操作前未意识到现场存在的危险因素。

（2）现场曾某对刘某的违章行为未及时制止，平时曾某也未养成切割机停用后及时停电的良好习惯。

（3）区队平时对大班维修工缺少安全教育，职工安全意识差。

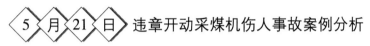

5 月 21 日 违章开动采煤机伤人事故案例分析

一、事故经过

2014 年 5 月 21 日中班，某煤矿综采一工区 3301 工作面交接班期间，大班采煤机检修工孙某在处理采煤机滚筒缠入的锚杆时，夜班采煤机司机杨某到达工作面，在没有检查滚筒周围是否有人员、障碍物的情况下启动采煤机试机，孙某被卷入滚筒，经抢救无效死亡。

二、事故原因

（1）煤机司机杨某严重违章作业，违反《煤矿安全规程》"启动采煤机前，必须先巡视采煤机四周，确认对人员无危险后，方可接通电源"的规定。

（2）采煤机检修工孙某检修时严重违章作业，违反 3301 工作面作业规程中"检修采煤机必须严格执行切断电源，断开采煤机隔离开关和离合器，并悬挂'正在检修，严禁送电'"的规定。

（3）现场交接班期间安全监管不到位，无管理人员重点监督检查。

（4）区队安全教育不到位，职工安全意识差，存在习惯性违章现象。

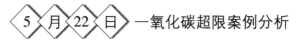

5 月 22 日 一氧化碳超限案例分析

一、事故经过

2015 年 5 月 22 日早班,某煤矿通防工区区长王某安排通风设施班班长李某带领潘某等四人去 3902 轨道巷砌密闭墙。11 时左右,当密闭墙高度施工一半时,副区长李某到达施工地点通过仪器监测发现风流中一氧化碳的含量为 350 ppm,立即将现场所有人员撤至新鲜风流中,并进行处理。

二、事故原因

(1)区队安全管理存有漏洞,班前会安排砌密闭工作时,对 3902 特殊地段可能出现气体异常考虑不全面,未安排气体检测工作。

(2)区队安全教育、现场管理不到位,职工安全意识淡薄,自我防范意识差。

5 月 23 日 岩芯管伤腿事故案例分析

一、事故经过

2006 年 5 月 23 日,某煤矿钻探队刘某在 7300 中部车场清除钻杆架上的卫生时,不慎把放在钻杆架上面的临时岩芯管碰落下来,碰伤左腿,造成轻微伤。

二、事故原因

(1)刘某自主保安意识差,对危险因素辨识不到位,工作时注意力不集中。

(2)现场不正确存放物料,存在安全隐患。

(3)安全管理人员没有及时发现现场存在的安全隐患,对现场管理不严不细。

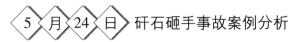

5 月 24 日 矸石砸手事故案例分析

一、事故经过

2015 年 5 月 24 日夜班，某煤矿 1373 综采工作面过断层，液压支架工孟某在拉移支架时，顶板冒落一块矸石将职工张某的右手砸伤，造成一起工伤事故。

二、事故原因

（1）职工张某自保意识差，站位不当，右手处于两台支架之间的间隙处。

（2）液压支架工孟磊操作支架时，未严格执行安全确认制度。

（3）现场安全管理不到位，特殊地点没有管理人员重点盯靠。

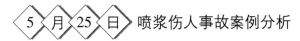

5 月 25 日 喷浆伤人事故案例分析

一、事故经过

2013 年 5 月 25 日夜班，某煤矿掘进队在轨道巷喷浆时，由于喷浆工张某白天家中有事没有休息好，身体困乏注意力不集中，没有握紧喷浆枪头，造成喷头摆动，喷浆料将附近的监护工王某面部击伤。

二、事故原因

（1）喷浆工张某操作不规范，精力不集中，未握紧喷枪头。

（2）工区对薄弱人员的排查不到位，工作中安排薄弱人员从事关键工作，致使事故发生。

5 月 26 日 风钻伤人事故案例分析

一、事故经过

2013 年 5 月 26 日中班交接班期间，某煤矿掘进工区刘某班到达工作面正常施工，打眼工张某、王某在打眼过程中钻杆突然折断，风钻向前倾倒，将早班职工郑某左腿砸伤。

二、事故原因

（1）打眼工张某、王某在工作面打眼时违反操作规程中"打眼过程中钻机前方严禁有人"的规定，对他人未及时提醒，造成事故发生。

（2）早班职工郑某安全意识淡薄，交接班期间为急于完成锚网绑扎工作，与打眼工交叉作业，违章站在钻机前方，造成自身伤害。

（3）交接班期间现场无管理人员重点监督，安全监督管理不到位。

◇ 5 月 27 日 ◇ 爆破伤人事故案例分析

一、事故经过

2015 年 5 月 27 日早班，某煤矿掘进队在 1304 轨道巷施工。13 时 40 分左右工作面准备爆破，队长蒋某组织向外撤人。当把人撤到距离工作面约 60 m 的地方，蒋某让爆破员爆破，爆破员就把发爆器接上，看看工作面前边没人，就起爆了，结果飞石将躲在距离工作面约 60 m 处的蒋某颈部崩伤。

二、事故原因

（1）队长蒋某违章指挥，爆破距离没有达到《煤矿安全规程》的规定就爆破。

（2）爆破员违章操作，没有拒绝违章指挥。

（3）安监员现场监督不到位，对违章行为没有及时制止。

（4）工区安全教育不到位，职工安全意识不强，操作随意性大。

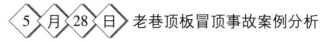 **5 月 28 日 老巷顶板冒顶事故案例分析**

一、事故经过

2007 年 5 月 28 日中班，某煤矿采三工区区长秦某在班前会重点要求，区队管理人员在现场要加强对 7114 及 7116 工作面四条老巷的顶板检查及维修工作，下井后工区跟班管理人员姜某和跟班安监员尹某对工作地点进行检查，未发现老巷顶板有变化。约 20 时 30 分，施工人员发现工作面内风筒无风便外出查看原因，当走到 7114 上轨道巷超前支护外侧时发现一块约 4.0 m × 2.2 m × 1.5 m 的顶板岩石冒落将风筒压住，已无法通风，遂立即返回通知工作面内人员迅速撤离至安全地点。经核实 12 名职工全部撤出，现场人员立即汇报工区跟班管理姜某，同时向调度室做了汇报。当时无人员经过，未造成人身伤害事故，实属侥幸。

二、事故原因

采三工区中班跟班管理人员姜某和跟班安监员尹某接班后，虽然对工作地点进行了检查，但是工作马虎，现场检查不到位，隐患未能及时被发现。

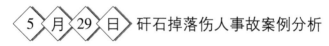 **5 月 29 日 矸石掉落伤人事故案例分析**

一、事故经过

2015 年 5 月 29 日中班，某煤矿综采一队 8101 工作面过断层，一块大矸石卡在 2 号液压支架煤壁与溜槽之间影响移溜。端头工梁某、王某处理大块矸石时，支架上方又掉落一块矸石，将王某腰部砸伤，造成腰椎骨折。

二、事故原因

（1）梁某、王某违章作业，未严格"敲帮问顶"制度和采取相应措施盲目进入煤帮造成事故的发生。

（2）现场安全管理不到位，队长或班组长没人盯在现场。

（3）区队安全教育不到位，职工自主保安意识差。

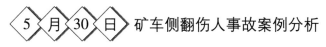

5 月 30 日 矿车侧翻伤人事故案例分析

一、事故经过

2012 年 5 月 30 日早班，某煤矿掘一工区王某班往 3607 开切眼运 7.5 kW 水泵时，在 3607 轨道斜巷上车场将水泵放入车场内一辆已装有一台 11.4 kW 绞车的矿车内，与绞车一起下放。下放过程中车辆掉道，王某独自在巷道左帮用半圆木撬矿车进行复位，矿车突然向左方侧翻，将王某压在巷道帮部，挤伤其头部、胸部。

二、事故原因

（1）王某违章作业，使用半圆木撬动矿车复轨且单独作业，并且站位不当。

（2）现场作业人员安全意识差，将水泵与已装有 11.4 kW 绞车的不符合装车规定的矿车一起下放，矿车运行过程中重心偏移而掉道。

（3）装料员装运绞车时，没有按照机电运输管理制度的要求使用平板车运输。

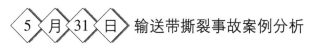

5 月 31 日 输送带撕裂事故案例分析

一、事故经过

2014 年 5 月 31 日中班 15 点 50 分，某煤矿运输工区带式输送机维修工李某在 3300 主带式输送机下山巡检时发现除铁器下部卡有一根钻杆（长度为 1.2 m），钻杆呈竖立状态顶穿皮带，便立即按动带式输送机急停按钮闭锁，但因输送带速度过快，已被撕裂 65 m。事故发生后进行主带式输送机抢修，于 20 时 50 分恢复运行。事故造成采区全面停产5 h。

二、事故原因

（1）掘进工区对支护打眼使用的1.2 m钻杆管理不当，上输送带后，被除铁器吸起并卡在除铁器中间，划透输送带，导致输送带撕裂。

（2）各转载点看护人员职责履行不到位，对钻杆上输送带未及时发现。

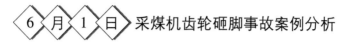

采煤机齿轮砸脚事故案例分析

一、事故经过

2015年6月1日早班，某煤矿综采工区维修工黄某、许某二人在拆卸采煤机摇臂齿轮过程中，黄某将拆下的齿轮放置在工作台时，由于手上沾有润滑油打滑，齿轮掉落将自己的右脚砸伤。

二、事故原因

（1）黄某现场危险有害因素辨识能力差，操作过程中自我安全防范意识不强。

（2）区队日常安全教育不到位，职工未养成规范操作的好习惯。

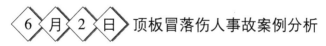

顶板冒落伤人事故案例分析

一、事故经过

2015年6月2日早班，某煤矿掘进队队长章某与爆破员刘某到二水平西翼2106掘进工作面作业。10时左右，第二轮爆破后未等烟雾散尽，刘某和章某进入工作面查看爆破效果，二人看到爆破效果较差，正在商量如何处理时，工作面顶板局部冒落，冒落的岩石将二人埋压。

二、事故原因

（1）伤者违反操作规程规定，爆破后没有等炮烟散尽就匆忙进入工作面查看现场情况，自保意识差。

（2）二人进入工作现场没有先进行"敲帮问顶"，没有检查顶板以及两帮围岩情况，而是进入空顶区域检查爆破效果，身处空顶区域。

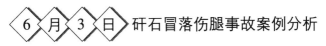

⟨6⟩月⟨3⟩日 矸石冒落伤腿事故案例分析

一、事故经过

2007 年 6 月 3 日早班，某煤矿综采二工区班长吕某安排职工董某和张某两人在 7311 工作面擂煤支柱。约 8 时 40 分，董某准备挂第三根梁时，发现梁前端顶板上留有一块煤顶，用铁锹铲了几下后煤顶未掉（带有煤顶的顶板存有滑茬），便挂梁串上串杆。此时董某发现顶板掉渣便迅速撤离，由于浮煤较多躲避不及时，顶部一块长约 1.1 m、宽约 0.9 m、厚约 0.5 m 的矸石冒落后滑向正在躲避的董某，造成左小腿腓骨骨折。经医院鉴定属轻微伤。

二、事故原因

（1）董某自主保安意识差，在作业时没有严格执行"敲帮问顶"制度，冒险作业，简单地用铁锹敲击带有煤顶的顶板而未仔细检查现场存在的隐患，是导致事故发生的直接原因。

（2）班长吕某现场隐患排查不到位且安排工作不严不细，是造成事故的主要原因。

（3）张某互保意识差，董某挂梁时未在现场监护，是导致事故发生的另一主要原因。

（4）跟班区长朱某、安监员宫某对现场安全隐患排查不严不细，安全管理不到位，是造成事故的重要原因。

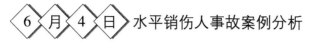

6 月 ✧

 水平销伤人事故案例分析

一、事故经过

2014年6月4日早班，某煤矿综采一工区端头支护工景某、孔某在7828工作面上端头处支设支柱。景某将柱子升起后，用手锤敲击拆卸水平销时，由于面对水平销并且柱子加压过大，销子脱出双楔梁窝后摆动，碰在其左颧骨上，造成左颧骨和左眼框两处骨裂。

二、事故原因

（1）景某在拆卸水平销时自主保安意识差，面对水平销站位不当，所升支柱压力过大，操作不规范，锤击力过大，致使销子脱出造成伤害。

（2）工区对景某所发生的工伤重视程度不够，没有及时向矿领导汇报。

〈6〉〈月〉〈5〉〈日〉违章平行作业伤人事故案例分析

一、事故经过

2014年6月5日早班，某煤矿掘进工区1121上轨道巷工作面正常施工，职工刘某使用风镐在工作面刷左帮底脚，打眼工姜某、李某使用风钻打顶部炮眼。由于顶眼处为1.0 m厚岩石伪顶，较破碎，打眼过程中，伪顶受施工水及震动影响而发生片落，滚落的一块600 mm×300 mm矸石砸在正在刷帮的刘某右脚上，造成一起工伤事故。

二、事故原因

（1）姜某、李某在打顶眼时未进行安全确认，未将刘某撤至安全地点，违章平行作业。

（2）施工过程中职工自保互保意识差，现场安全管理人员监督不到位。

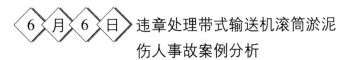

6 月 6 日 违章处理带式输送机滚筒淤泥
伤人事故案例分析

一、事故经过

2014 年 6 月 6 日早班，某煤矿掘进工区在二采带式输送机下山正常掘进。9 时 50 分左右，带式输送机维修工申某在带式输送机运行的情况下调整输送带跑偏。他先用调整托辊的方法进行调整但效果不理想，发现带式输送机头储带仓导向滚筒上沾有淤泥，滚筒直径发生变化导致输送带跑偏，于是擅自使用带式输送机头消防锨清理滚筒上的淤泥。清理的瞬间，铁锨被卷入输送带与导向滚筒之间，并随滚筒高速转动，锨把打在其左臂上导致骨折。

二、事故原因

（1）申某自主保安意识差，违章作业，在带式输送机运行的情况下违章使用消防锨清理输送带导向滚筒上的淤泥。

（2）跟班区长及安监员对单岗作业人员的安全监督不到位。

6 月 7 日 耙斗伤人事故案例分析

一、事故经过

2004 年 6 月 7 日早班，某煤矿正在进行掘进工作面耙矸作业，班长刘某站在工作面给耙装机司机照灯指挥。当耙斗往工作面运行的过程中，耙装机耙斗右侧连接链与耙斗连接的螺栓脱开，只有左侧连接链受力，导致耙斗向右前方摆动。耙斗将站在工作面指挥耙矸的刘某的头部砸伤，刘某经抢救无效死亡。

二、事故原因

（1）班长刘某违章指挥，在耙装机没有照明的情况下安排司机开耙装机作业；刘某违章作业，在耙装机运行区域内指挥耙矸作业。

（2）耙装机司机违章作业，明知耙装机运行区域内有人仍运行耙装机。

（3）现场安全管理人员检查不到位，对违章现象没有及时发现并制止。

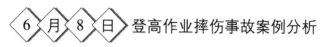 登高作业摔伤事故案例分析

一、事故经过

2014年6月8日早班，某煤矿通防工区大班职工冯某、赵某、胡某等四人在－550轨道运输大巷安装隔爆水槽。10时30分，职工赵某站在脚手架上固定水槽架时踩翻脚手架上的木板，从脚手架上跌落，将左手腕摔骨折。

二、事故原因

（1）赵某自主保安意识差，登高作业时未严格执行安全措施中系安全带的规定，存在侥幸心理。

（2）现场工作人员的互保联保不到位，对赵某的违章行为未及时制止。

（3）区队安全管理不到位，在零星工程作业现场未安排管理人员监督。

 冒顶侥幸事故案例分析

一、事故经过

2007年6月9日中班13时25分，某煤矿7300轨道下山与7310机巷交叉处发生冒顶事故，事故虽未造成人员伤亡，但造成综采一工区、掘一工区停产一个小班的严重后果。

二、事故原因

（1）掘一工区区长赵某作为工区安全第一责任人，对辖区

内的隐患未采取积极有效的防范措施，延误了隐患治理的有利时机，导致冒顶事故的发生，是造成事故的直接原因。

（2）综采一工区支部书记孔某、掘一工区跟班管理人员王某在接到生产值班人员的隐患整改通知后，对隐患没有采取临时性措施进行处理，是造成事故的又一直接原因。

（3）生产值班人员孙某、调度员朱某、许某调度指挥不力，在安排工作时未采取果断措施，而且未向值班矿领导汇报，致使隐患未能及时得到解决，是造成冒顶事故的重要原因。

（4）分管安全、生产、技术的矿领导对分管的业务科室的管理人员要求不严，管理不到位，现场管理不细，存有漏洞，是造成冒顶事故的另一个原因。

6 月 10 日 漏矸伤人事故案例分析

一、事故经过

2013 年 6 月 10 日中班，某煤矿综采工作面过断层，由于工作面内顶板破碎，煤壁折帮严重，导致局部冒顶。进行装顶维护时，支架工王某站在刮板输送机溜槽上给李某递料，突然被一块矸石砸中脸部，造成轻微伤。

二、事故原因

（1）王某自保意识差，装顶递料时站在两支架之间，两支架前梁之间漏矸，造成自身伤害。

（2）工区现场管理不到位，在断层处处理冒顶无管理人员监督。

6 月 11 日 打眼滑倒摔伤事故案例分析

一、事故经过

2015 年 6 月 11 日早班，某煤矿掘进工区在 6307 下顺槽正常施工，打眼工刘某站在一块大矸石上打顶眼，退机时脚下打滑摔倒，风钻随即歪倒，将刘某头部砸伤。

二、事故原因

（1）刘某操作行为不规范，站在矸石上打顶眼，造成自身伤害。

（2）现场领钎人监护不到位，互保联保意识差。

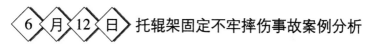 托辊架固定不牢摔伤事故案例分析

一、事故经过

2014 年 6 月 12 日早班，某煤矿选煤厂带式输送机维护班班长丛某与职工李某，处理地面 201 带式输送机磨损严重的皮带扣。在处理完成后，李某右手扶靠走廊一侧的备用托辊架，从带式输送机上跳下时由于备用托辊架未固定，歪倒并砸在李某的右臂上，造成右臂骨折。

二、事故原因

（1）李某自保意识差，行为不规范。

（2）班长丛某是现场安全责任人，互保意识差，未及时制止李某的不规范行为。

（3）值班区长班前会安排工作不严不细，未强调相关安全注意事项。

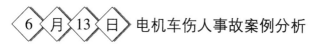 电机车伤人事故案例分析

一、事故经过

2009 年 6 月 13 日中班，某煤矿开拓一工区郑某班在 3400 轨道大巷工作面进行清底出渣工作，装满矿车后，郑某找到电瓶车司机赵某，让其向外拉车。赵某拉矿车向外行驶，当行驶到四采区 2 号变电所门口以东 12 m 时，将在轨道中心的职工胡某撞倒。

二、事故原因

（1）胡某自主保安意识不强，违章在列车运行的轨道中间逗留。

（2）电瓶车司机赵某违反电瓶车操作规程的规定，开车过程中不时回头看，未集中精力目视前方。

（3）电瓶车车灯昏暗且事故地点环境条件恶劣。巷道照明布置间距超过规程的规定，个别照明灯被悬挂的风筒遮挡造成大巷照明不足。现场两台运行的局部通风机导致该处噪音增大，降低了电瓶车警铃的警示作用。

6 月 14 日 瓦斯集聚案例分析

一、事故经过

2015 年 6 月 14 日中班 19 时，某煤矿带班管理人员申某和科室跟班人员李某井下带班，到达 3202 辅助回风巷密闭墙处，发现密闭墙有裂缝，经检测瓦斯浓度值达 5%，有瓦斯积聚现象，立即安排通防工区采取措施进行处理。

二、事故原因

（1）密闭墙施工质量差，墙皮抹灰厚度不足。

（2）对通风设施巡检不到位，在密闭墙处未设置瓦斯检查点，成为瓦斯检查盲区。

6 月 15 日 钢丝绳挤手事故案例分析

一、事故经过

2014 年 6 月 15 日夜班，某煤矿防治水工区钻探工王某、周某 2 人在 1300 轨道巷打 3 号钻孔。12 时 30 分左右，当周某提钻时发现卷扬机钢丝绳脱离滚筒，于是左手去处理脱离滚筒钢丝绳，右手握离合器手把，由于操作不当，导致其左手中指被挤伤。

二、事故原因

（1）周某现场操作不规范，卷扬机运行过程中用手去处理脱离滚筒的钢丝绳，右手操作离合器误动作，导致手被挤伤，是造成事故的直接原因。

（2）操作人员配合不当，未及时将绳拉紧，导致钢丝绳脱离滚筒，是造成事故的主要原因。

（3）区队安全教育不到位，职工规范操作的意识差。

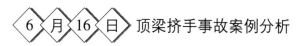 顶梁挤手事故案例分析

一、事故经过

2015 年 6 月 16 日中班，某煤矿王某班端头支护工魏某、崔某两人在刮板输送机 1 号支架处回柱。在支柱卸载后，魏某左手托住铰接顶梁前端准备拔掉圆销摘掉顶梁，由于圆销拔不动，于是崔某下放支柱晃动顶梁。此时，魏某的左手正好放在顶梁铰接处，造成其左手食指被挤伤。

二、事故原因

（1）魏某自主保安意识差，在回撤顶梁时将手放置在顶梁铰接处，放置位置不当，被下放的顶梁挤伤。

（2）崔某互保意识差，在下放顶梁时没有注意魏某的手放在铰接处，配合不当。

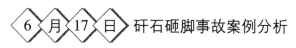 矸石砸脚事故案例分析

一、事故经过

2014 年 6 月 17 日夜班，某煤矿掘进工区职工刘某在 1302 轨道巷用肩扛锚杆行走过程中，经过巷道变坡点时，带式输送机上掉落的大块矸石将脚部砸伤。

二、事故原因

（1）现场安全隐患排查不到位，对巷道变坡点处带式输送机洒煤存在隐患未及时发现并采取相关的防护措施。

（2）职工刘某现场危险有害因素辨识能力差，在经过变坡点时未注意。

（3）掘进工区安全生产责任不落实，现场隐患排查流于形式。

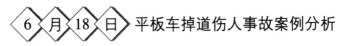 平板车掉道伤人事故案例分析

一、事故经过

2015 年 6 月 18 日夜班，某煤矿运输工区把钩工王某在二采区下车场正常把钩。1 时 10 分左右，王某将一辆空平板车挂好钩头及保险绳后，发出信号准备提升，绞车开启突然加速，钢丝绳剧烈跳动，平板车掉道撞伤把钩工王某，造成其左腿骨折。

二、事故原因

（1）把钩工王某站位不当，发出信号后未在安全地点躲避。

（2）绞车司机违章操作，绞车启动瞬间在车场弯道处加速太快，造成平板车掉道。

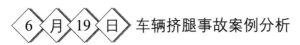 车辆挤腿事故案例分析

一、事故经过

2014 年 6 月 19 日夜班，某煤矿掘一工区职工常某到车场催要车皮等车时，将身体倚靠在停放于道岔以里的料车上。司机陈某在驾驶电机车经过道岔时，常某被挤在电机车与料车之间，造成小腿骨折。

二、事故原因

（1）常某安全意识差，违章在机车道道岔处停留休息。

（2）电机车司机陈某在开车前未认真检查行车路线，未警示无关人员离开，盲目行车。

 **违章进入盲巷窒息事故案例分析**

一、事故经过

2013 年 6 月 20 日早班，某煤矿 3208 掘进工作面，10 时左右工作面出矸完毕后，班长刘某安排职工陈某去后路运支柱。之后陈某私自打开后路栅栏进入盲巷，因缺氧窒息躺倒，发现后经抢救无效死亡。

二、事故原因

（1）陈某安全意识淡薄，违章私自打开栅栏进入盲巷，因缺氧导致窒息死亡。

（2）矿通风管理不到位，没有发现盲巷内积聚有害气体存在缺氧现象。

 **片帮伤人事故案例分析**

一、事故经过

2008 年 6 月 21 日早班，某煤矿掘一工区书记徐某安排班长陈某班在 7318 机巷进行施工。6 时 50 分，陈某等 12 人进入工作地点并安排胡某、郭某、张某在 7318 机巷工作面左帮打眼，自己与习某、娄某在右帮打眼。胡某、郭某、张某在打第一个眼 400 mm 后见断层，7 时 10 分在打完上部两个眼后，张某换钻头，背朝工作面，脸向外，此时受断层影响，大约 100 kg 的煤体片帮落下，将张某右腿砸伤，造成右小腿骨折。

二、事故原因

（1）工作面见断层，未采取措施继续施工，对隐患认识不到位，是造成事故的直接原因。

（2）当班班长陈某隐患排查辨识不到位，张某自主保安意识差，在明知工作面过断层的情况下，继续按常规作业，是造成事故的主要原因。

（3）跟班副区长孙某、安监员崔某对现场安全隐患排查不严不细，安全管理不到位，是造成事故的重要原因。

（4）值班书记徐某班前会安排工作不严不细，违章指挥。在张某未进行措施学习的情况下，将其由水仓硐室调到 7318 机巷作业，是造成事故的另一原因。

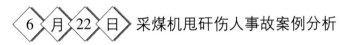 **采煤机甩矸伤人事故案例分析**

一、事故经过

2015 年 6 月 22 日中班，某煤矿综采六队在 8091 工作面回采，移架工王某在清理支架间的浮煤时，被采煤机后滚筒甩出的煤块砸伤头部。

二、事故原因

（1）王某在采煤机后方作业时，安全距离不够，是造成事故的主要原因。

（2）割煤时采煤机司机没有观察到其他人员接近采煤机运行危险区域，没有及时予以提醒制止。

（3）现场安全监管不到位。

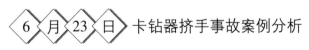 **卡钻器挤手事故案例分析**

一、事故经过

2016 年 6 月 23 日 23 时 30 分，某煤矿掘进工区 7506 机巷工作面在中班工作收尾时，班长谢某安排张某收拾钻具准备交班，张某左手托钻身，右手打开卡钻器卸下钻杆后卡钻器复位时，左手中指被卡钻器挤伤。

二、事故原因

（1）张某在将钻机卡钻器复位时注意力不集中，将手挤伤，造成自身伤害。

（2）临近下班职工比较劳累，安全意识下降。

（3）工区对职工安全教育不到位，交接班时间段的安全监督管理不到位。

 **跑车事故案例分析**

一、事故经过

2013年6月24日夜班，某煤业公司安装工区班长谢某带领5名职工转运采煤机、溜槽等。凌晨3时10分，职工李某、明某二人连好钩头后开始推车下放平板车，由于余绳过多，重车在过变坡点突然加速后将钢丝绳挣断，发生跑车，车辆被变坡点下方的挡车吊梯挡住。

二、事故原因

（1）李某、明某二人在下放车辆时未观察是否有余绳的情况下盲目推车，是导致事故发生的主要原因。

（2）区队安全教育不到位，职工安全意识淡薄。

（3）跟班管理人员现场安全监管不到位。

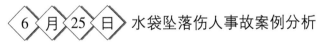 **水袋坠落伤人事故案例分析**

一、事故经过

2015年6月25日早班，某煤矿防尘队柳某和王某二人在总回风大巷安装隔爆水棚，柳某负责固定水袋架，王某负责监护，柳某将水袋架的一端做了简单固定然后去另一端进行固定。此时，王某在水袋架下边忙碌其他工作，水袋架突然坠落，将王某右臂砸伤导致骨折。

二、事故原因

（1）柳某吊挂水袋架时的固定方法不规范，临时固定点脱落。

（2）现场作业人员工作配合能力弱，互保联保意识差。

（3）上下平行作业，王某站位不当，精力不集中，自保意识差。

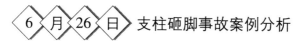

6 月 26 日 支柱砸脚事故案例分析

一、事故经过

2015 年 6 月 26 日早班，某煤矿采一工区运料工侯某、孙某、尹某、褚某四人到 7809 工作面转运输送带等物料，并将一车 1.8 m 液压支柱转运至物料存放处。12 时左右，四人开始转运矿车内的支柱，侯某在矿车内协助其他三人将支柱上肩。13 时 30 分左右，褚某将支柱扛至端头超前位置，随即将其扔下，支柱柱爪回弹砸伤其右脚小趾，经诊断为轻微骨裂。

二、事故原因

（1）褚某个人自保意识差，注意力不集中造成自身伤害。

（2）工区值班管理人员对运料人员安排工作不严不细，安全教育不到位。

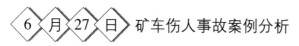

6 月 27 日 矿车伤人事故案例分析

一、事故经过

2015 年 6 月 27 日夜班，某煤炭公司掘进一工区把钩工韩某听到绞车上把钩提车信号，遂自己挂车准备提升。他把主钩头和第二辆车后面的保险绳挂完，但忘记连接三环，也没按照规定对列车防脱销和连接装置等进行检查，就发出提车信号。由于两车当中的三环没有连接，第二辆矿车在提升时被拉翻，将韩某砸伤，韩某经抢救无效死亡。

二、事故原因

（1）韩某严重违章作业，在既未连挂两矿车中间的连接装置又没有进行检查的情况下，直接发出提升信号，导致事故发生。

（2）现场安全监督检查不到位。安全部门现场巡回安全监督检查力度不够，未对零星岗位、薄弱环节及时进行巡查，未能及时发现安全隐患和纠正"三违"行为。

（3）工区日常工作安排不严不细，安全学习不深入，对"三大规程"和各项安全管理措施及互保联保制度贯彻落实不到位。

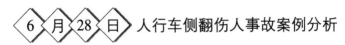 人行车侧翻伤人事故案例分析

一、事故经过

2012 年 6 月 28 日早班，某煤矿运搬工区夜班班长杨某与早班跟车工梁某在人行车停车位置进行交接，梁某巡视后，8 时发出开车信号。电机车司机武某启动人行车行驶 2 m 左右，梁某发现第九节车厢错道，立即发出停车信号，此时第八节车厢已向右侧翻，致使采一工区职工宋某右小腿肌肉擦伤，造成轻微伤。

二、事故原因

（1）夜班班长杨某责任心不强，检查不认真，没有发现渡线道岔不到位。

（2）电机车司机武某、跟车工梁某开车前没有对轨道、道岔进行认真检查。

（3）工区班前会安排工作不严不细。

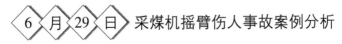 采煤机摇臂伤人事故案例分析

一、事故经过

2013 年 6 月 29 日中班，某煤矿地面检修班班长郑某指挥行

车吊运采煤机摇臂，行车启动后采煤机摇臂出现倾斜摆动，将郑某碰伤，造成肋骨骨折。

二、事故原因

（1）吊装时没有找好重物重心，造成摇臂倾斜摆动。

（2）郑某站位不安全，自保意识差。

（3）现场施工环境差，设备检修安全空间不足。

 **窒息事故案例分析**

一、事故经过

2015 年 6 月 30 日中班，某煤矿安装工区安排职工在 1120 车场回撤整修时，一名工人离开现场擅自进入该车场西平巷（门口栅栏有破口）造成窒息，经抢救无效死亡。

二、事故原因

（1）该矿安全生产主体责任不落实，现场隐患排查不到位，对存在的盲巷疏于监管，停风区域设置的栅栏有破口，且未设置警示标志。

（2）工人安全意识淡薄，对现场危险有害因素辨识不到位，擅自进入盲巷。

（3）区队安全教育培训针对性不强，职工自主保安意识差。

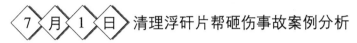

7 月 1 日 清理浮矸片帮砸伤事故案例分析

一、事故经过

2013 年 7 月 1 日夜班，某煤矿采煤工区 8802 工作面割煤移架后，班长张某安排王某和李某清理 30 ~ 35 号支架断层处的岩壁侧浮矸。1 时 30 分左右煤壁片落下一块大岩石，砸在正在清理浮矸的王某后背上，造成腰椎骨轻微骨裂。

二、事故原因

（1）王某自保意识差，在清理浮煤前没有观察岩壁情况和未执行"敲帮问顶"制度。

（2）李某联保不到位，未提示王某"敲帮问顶"。

（3）班长张某现场安排工作落实不到位，现场安全监管不到位。

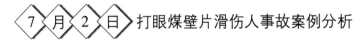

7 月 2 日 打眼煤壁片滑伤人事故案例分析

一、事故经过

2015 年 7 月 2 日夜班，某煤矿掘进工区陈某班在 8318 上顺槽施工。6 时 50 分，陈某等人开始打眼工作，胡某、张某在打第一个眼 400 mm 后见断层。7 时 10 分，在打完上部两个眼后，张某准备换钻头，此时受断层影响，工作面一块大约 50 kg 的煤块片帮落下，将张某右腿砸伤，造成右小腿骨折。

二、事故原因

（1）工作面见断层后，施工人员对此没有重视，继续按照常规作业施工，对现场存在的危险因素认识不到位。

（2）张某自主保安意识差，在明知工作面过断层的情况下，没有执行"敲帮问顶"制度。

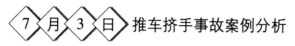 推车挤手事故案例分析

一、事故经过

2015 年 7 月 3 日早班，某煤矿掘进工区大班运料工在后路转运轨道，班长赵某安排刘某和魏某将轨道车向工作面方向推进，当车推到巷道拐弯处时，由于轨道拐弯角度大，刘某推车时轨道与巷道左帮发生碰撞，刘某的左手被挤在中间，造成左手粉碎性骨折。

二、事故原因

（1）刘某违章作业，没有严格按操作规程推车，自主保安意识差。

（2）推车工互保联保意识差，现场没有起到相互提醒作用。

（3）班长安排工作不细致，现场安全管理不到位。

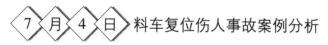 料车复位伤人事故案例分析

一、事故经过

2015 年 7 月 4 日中班，某煤矿掘进队运料工马某、贺某、刘某到达一采区车场运送装有锚杆的料车，此时发现料车前方有 2 辆装有采煤机机身的平板车挡住去路，为及早转运料车三人便将料车抬掉道推至平板车前方，抬料车复位时因用力过猛将车辆后方的贺某挤在巷帮上，造成贺某肋骨骨折。

二、事故原因

（1）贺某在进行料车复位时站位不当，违章站在矿车一侧且靠近巷帮。

（2）马某、刘某互保联保意识差，对贺某的不安全站位未提醒，在矿车复位时操作不当。

（3）区队安全教育不到位，职工操作技能水平低。

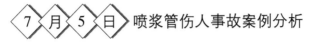

7 月 5 日 喷浆管伤人事故案例分析

一、事故经过

2015 年 7 月 5 日夜班，某煤矿掘进一队在运输大巷进行喷浆过程中，喷料管发生堵塞，喷浆工李某和孙某进行处理。李某沿途敲打管路，孙某在喷枪口处观察，喷浆料突然喷出击伤孙某。

二、事故原因

（1）处理喷浆管堵塞时，孙某违章面对喷枪口。

（2）处理料管堵塞时，没有停风。

（3）职工自保互保意识差。

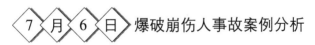

7 月 6 日 爆破崩伤人事故案例分析

一、事故经过

2014 年 7 月 6 日早班，某煤矿掘进二队在 6603 机巷施工。工作面连线后，爆破员看到里边的人员向外行走的灯影已近在跟前，认为人员已经撤出危险区域，于是拧下发爆器钥匙起爆，爆破将行走在最后的一名职工头部崩伤。

二、事故原因

（1）爆破员违章爆破，未严格执行"三人联锁爆破"制度，班长监管不到位。

（2）习惯性违章现象严重，违章短距离爆破。

（3）区队管理混乱，对职工安全教育不到位。

 **运输车翻车事故案例分析**

一、事故经过

2004 年 7 月 7 日晚 8 时，某煤矿煤质销售科运输车辆装运矿内清理的黏土至南矸石山，后斗升起翻倒车内黏土时，黏土黏在车内未被倒出，另外车辆前移地面有向左倾斜坡度，致使车体产生晃动，因重心过高，加之左侧一轮胎坏掉，导致车辆向左倾翻，造成汽车前挡风玻璃破碎、前右侧大灯玻璃破碎、左侧车门变形。

二、事故原因

（1）车辆左侧轮胎坏掉，在车况不好的情况下依然安排带病工作是造成事故的主要原因。

（2）操作司机曹某为煤质销售科业务员，刚回矿，未及休息，疲劳驾驶。科内为赶工期抢任务，在夜间的情况下强行安排单人驾驶，也是造成事故的主要原因。

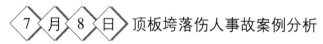 **顶板垮落伤人事故案例分析**

一、事故经过

2014 年 7 月 8 日早班，某煤矿掘二队在 8202 回风巷支设钢棚。正准备上棚梁时，顶板突然垮落推倒 4 架钢棚将职工许某埋压，许某经抢救无效死亡。

二、事故原因

（1）钢棚支设质量差，接顶不实，拉杆撑木不全，整体稳定性差，临时支护不合格。

（2）巷道顶板压力大，未采取加强支护措施。

（3）现场管理人员没有对钢棚支设质量进行安全检查，没有及时发现并排除安全隐患。

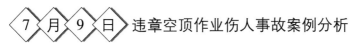

7 月 9 日 违章空顶作业伤人事故案例分析

一、事故经过

2014 年 7 月 9 日早班，某煤矿掘三工区班长何某带领 6 人在 8602 轨道巷施工。爆破后，何某带着刘某进入工作面进行找顶，找完顶看到顶板很平整，在没有前移前探梁的情况下就进行打锚杆眼。在打完第二个顶部锚杆眼退钎子时，突然冒落一块长 0.5 m、宽 0.3 m、厚 0.3 m 的矸石，将刘某的胳膊砸伤。

二、事故原因

（1）班长何某违章指挥，没有及时前移前探梁，违章空顶作业。

（2）现场作业人员自保互保意识差，对班长违章指挥不拒绝，并随同一起违章空顶作业，致使事故发生。

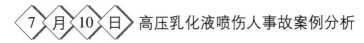

7 月 10 日 高压乳化液喷伤人事故案例分析

一、事故经过

2014 年 7 月 10 日夜班，某煤矿安装工区班长朱某与职工高某组装前梁。两人使用两个手拉葫芦吊起前梁，并检查了管路连接，对发现的两个缺卡子的位置补了卡子，朱某安排高某躲开，高某离开一步时朱某便进行前梁缸送液，此时，前梁缸高压管脱落，喷出的高压乳化液刺伤高某左眼，造成左眼结膜裂伤。

二、事故原因

（1）在组装支架前梁缸时，由于液压管无卡子，前梁缸管子脱落，高压乳化液喷出造成事故。

（2）朱某操作片阀供液方式不当，未试探供液，且在人员没有完全躲至安全地点时操作。

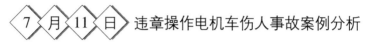 违章操作电机车伤人事故案例分析

一、事故经过

2016 年 7 月 11 日中班，某煤矿掘进工作面出矸，电机车司机刘某将 5 个空矿车顶至耙装机后车场内，推车工李某依次将矿车推入耙装机漏斗下装车。当装完第 5 个车后，李某刚将销子环连接好，还没有躲开，刘某误以为矿车连接已结束，没发开车信号就开动电机车，电机车将李某带倒摔伤。

二、事故原因

（1）电机车司机刘某违章操作，开车前没发出开车信号。

（2）工区安全管理不到位；职工习惯性违章，并存在侥幸心理。

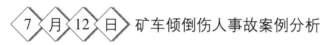 矿车倾倒伤人事故案例分析

一、事故经过

2015 年 7 月 12 日早班，某煤矿掘一工区运料工袁某推车至巷道拐弯处时矿车掉道，袁某召集另外 5 名运料工进行矿车复轨。袁某在用肩扛矿车复位时由于用力过猛，致使矿车倾倒，其头部也碰在上帮的锚杆上，造成轻微伤。

二、事故原因

（1）袁某处理矿车复位时操作不规范，安全帽没有系帽带。

（2）巷道轨道铺设质量差，轨道接头间隙超规定，道夹板螺丝不全。

（3）工区安全管理不到位，隐患排查不到位。

 高压风伤人事故案例分析

一、事故经过

2015 年 7 月 13 日中班，某煤矿掘三工区邵某班到 7801 上顺槽施工。接班后由于现场掘进机后边高压胶管缠绕在一起，于是邵某安排当班职工侯某、张某二人协同整理管路。在没有关闭 φ108 风管总阀门的情况下，三人拆掉分支风头 U 形卡后发现连在分支阀门上的 φ25 高压胶管接头拆不下来，于是三人一起用力向外拽高压胶管。17 时，由于 φ108 钢管风头卡子螺丝未拧紧，导致风头脱落，管内高压风刺伤邵某的右腰部、侯某的左脸部。

二、事故原因

（1）现场职工违章操作，在没有停风卸压的情况下野蛮拆解高压胶管，导致钢管风头脱落。

（2）维修工安装风管不符合规定，未拧紧快速接头螺栓，造成风头松动受拉力后脱落。

（3）跟班管理人员对现场隐患排查不到位，忽视了对高压管路风头的检查。

（4）工区管理不到位，两班之间不能创造良好的交接班条件，造成现场文明施工差。

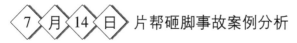 片帮砸脚事故案例分析

一、事故经过

2015 年 7 月 14 日早班，某煤矿掘进二工区爆破员张某在 8601 轨道巷工作面定炮时，上帮突然片帮，岩石砸中张某右脚造成骨折。

二、事故原因

（1）张某定炮前没有严格执行"敲帮问顶"制度，自我保

护意识差。

（2）现场管理人员监督不到位，对上帮失效锚杆未及时补打。

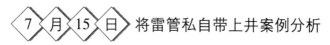 将雷管私自带上井案例分析

一、事故经过

2015 年 7 月 15 日早班，某煤矿井下火药库管理员李某在发放雷管时，未逐个清点，多发给爆破员王某三发雷管。王某将剩余雷管带上井时被井口检身工发现。

二、事故原因

（1）李某责任心差，发放雷管时未逐个清点，造成雷管发放出错。

（2）库管员交接班不认真，未及时发现账物不符。

（3）爆破员王某领取火工品时未当面清点，班后未将剩余雷管交回火药库而是将其私自带上井。

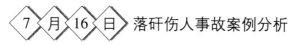 落矸伤人事故案例分析

一、事故经过

2016 年 7 月 16 日夜班，某煤矿采煤工区班长宫某安排职工耿某负责开机巷转载机。凌晨 2 时左右工作面出矸石时，大块矸石落到带式输送机上，弹起后又滚落至带式输送机下，耿某躲闪不及，左脚被砸伤。

二、事故原因

（1）带式输送机运送矸石过程中，转载机司机精力不集中，是造成事故的主要原因。

（2）工区管理不到位，带式输送机两侧护煤皮带过短是造成事故的间接原因。

（3）区队现场管理、安全教育、对安全工作认识不到位，是造成事故及延报的根本原因。

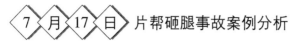 片帮砸腿事故案例分析

一、事故经过

2015 年 7 月 17 日早班，某煤矿掘三工区职工马某在 8320 顺槽后路清理水沟时，帮上一块重约 50 kg 的岩石突然片落砸中马某右小腿部，造成小腿骨折。

二、事故原因

（1）马某没有检查工作地点的安全情况，对现场存在的危险因素辨识能力差。

（2）区队对巷道顶帮隐患排查重视程度不足，安全管理不到位。

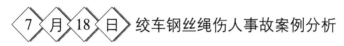 绞车钢丝绳伤人事故案例分析

一、事故经过

2015 年 7 月 18 日中班，某煤矿掘一工区 2602 轨道巷，绞车司机田某提升矿车时发现绞车钢丝绳向右跑偏严重，就用右手操作绞车离合闸把，左脚伸向绞车前方去钩拨运行中的钢丝绳。此时，田某左脚被钢丝绳缠进滚筒，由于其身体压住离合手把，不能及时放开离合闸把，致使左大腿根部被绞车钢丝绳勒挤，造成皮肤严重开裂。

二、事故原因

（1）绞车司机田某自主保安意识差，开绞车的同时用脚钩拨运行中的钢丝绳，违章作业造成事故发生。

（2）绞车安装不合格，且绞车滚筒不排绳。

（3）绞车安装后，未经业务部门验收擅自使用。

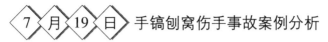 手镐刨窝伤手事故案例分析

一、事故经过

2013 年 7 月 19 日夜班，某煤矿掘一工区李某班组在三采区上仓联络巷施工。打上部炮眼时，由于岩石较硬定眼困难，李某便用手镐刨窝，在刨窝的时候左手中指被工作面片落的岩块砸伤，造成轻微伤。

二、事故原因

（1）李某用手镐刨窝时站位不当，作业前未严格执行"敲帮问顶"制度。

（2）作业人员互保联保意识差。

（3）区队安全管理不到位，现场隐患排查制度落实不到位。

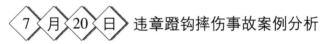 违章蹬钩摔伤事故案例分析

一、事故经过

2013 年 7 月 20 日中班，某煤矿 3503 轨道下山车场，把钩工徐某连接好矿车发出提升信号开始提升，职工刘某为贪图早上井，便蹬在两矿车之间，提升至 200 m 位置矿车突然掉道，刘某被甩入轨道边水沟，造成肋骨骨折。

二、事故原因

（1）职工刘某安全意识淡薄，违章蹬车。

（2）把钩工徐某责任心差，对刘某违章蹬钩行为没有制止。

（3）工区对职工安全教育不到位。

 跑车事故案例分析

一、事故经过

2013 年 7 月 21 日中班，某煤矿掘进工区信号把钩工张某在

8600 运输斜巷转运物料，因急于下放物料，仅将保险绳与矿车连接，便发出信号。张某打开气动吊梁，将矿车推过变坡点，矿车顺势而下，造成跑车事故。

二、事故原因

（1）信号把钩工张某下放物料前，未检查确认钩头、料车连接情况，违章操作。

（2）工区对职工的安全确认制度落实不到位，重生产轻安全思想严重。

7 月 22 日 爆破事故案例分析

一、事故经过

2013 年 7 月 22 日夜班，某煤矿掘进工区 5506 上顺工作面连线后，班长安排爆破工开始爆破。爆破工看见最后一名撤出的林某已走远，随即拧下发爆器钥匙起爆，将林某背部崩伤。

二、事故原因

（1）爆破员严重违章作业，未严格执行"三遍哨"制度和"三人联锁"爆破制度，爆破距离不符合规定。

（2）班组长违章指挥，未严格落实"三人联锁"爆破制度。

（3）区队安全教育不到位，职工安全意识淡薄。

7 月 23 日 矿车碰伤人事故案例分析

一、事故经过

2005 年 7 月 23 日夜班 6 时左右，某煤矿掘进工区井下工作面快要交接班，班长李某督促职工清理卫生，同时派丁某紧帮上锚杆，班长李某在向工作面推车时，矿车掉道，车嘴把正在紧帮上锚杆的丁某的左腿踝骨碰伤。

二、原因分析

（1）临时轨道铺设不合格，一长一短。

（2）工区对新职工的三级教育不到位，没有组织好职工对操作规程的学习。

（3）班长李某违章操作，推车时没有认真检查轨道情况。

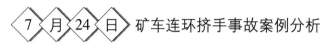 矿车连环挤手事故案例分析

一、事故经过

2014 年 7 月 24 日中班，某煤矿运搬工区副区长郭某值班，安排班长张某正常施工。约 23 时 20 分，电机车司机贾某及放仓人员高某在西一煤仓串车，由于高某在电机车未停稳的情况下给矿车连环，被连环挤伤左手食指，造成轻微伤。

二、事故原因

（1）运搬工区职工高某安全意识薄弱，自保意识差，在电机车没有停稳的情况下就开始连环，违章作业，是造成事故的主要原因。

（2）电机车司机贾某互保意识差，没有及时制止高某的违章行为，是造成事故的重要原因。

（3）值班人员班前会工作安排不细致，安全教育不到位，是造成事故的又一原因。

 滚筒甩矸伤人事故案例分析

一、事故经过

2014 年 7 月 25 日早班，某煤矿综采工区职工陈某在操作采煤机经过断层处时，鼻梁被滚筒甩出的矸石砸骨折，造成一起工伤事故。

二、事故原因

（1）陈某自主保安意识差，操作过程中注意力不集中，在经过断层时未重视，未采取防范措施。

（2）工区班前会安排工作不细致，未强调工作面过断层期间的相关安全注意事项。

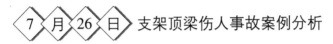

一、事故经过

2013 年 7 月 26 日夜班，某煤矿综采工区 7819 综采工作面割完第二刀煤后，移架工刘某从 30 号支架处向溜头方向逐架进行推溜，唐某在刘某后面进行把手复位闭锁。当刘某来到 26 号支架下操作把手推移溜槽时，26 号支架顶梁突然压下，顶梁压在刘某的左肩部，造成刘某左肩肩胛骨、上臂骨等部位骨折。

二、事故原因

（1）26 号支架靠溜尾侧的四连杆与底座之间的连接销断裂，日常检查没有发现，支架存在隐患带病工作；在推移过程中由于受力较大，致使靠溜头侧的四连杆与底座之间的连接销子断裂，支架顶梁突然下落造成事故。

（2）刘某在推移支架前未仔细观察支架的完好情况，自保意识差；唐某互保联保不到位。

（3）支架本身服务年限长，存在销轴变细强度降低等安全隐患，但未引起有关部门的重视。

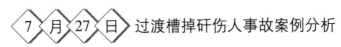

一、事故经过

2014 年 7 月 27 日早班，某煤矿掘一工区 1300 轨道下山工作面，耙装机司机宋某在开机耙装过程中，从过渡槽上掉落的一大块矸石砸伤其右脚，造成右脚拇指骨折。

二、事故原因

（1）耙装机司机宋某现场危险有害因素辨识不到位，现场操作不规范，违反安全技术操作规程中"不准在过渡槽上存矸，以防矸石被耙斗挤出或被钢丝绳甩出伤人"的规定。

（2）区队安全教育不到位，职工规范操作的意识差。

 测尘工伤腿事故案例分析

一、事故经过

2015 年 7 月 28 日早班，某煤矿通防工区测尘工齐某在 1031 工作面测尘时，为了获得较为准确的测尘效果，在工作面停止生产后便进入工作面进行测尘工作。在测尘时，工作面煤壁片帮，将齐某左腿砸伤，造成左腿骨折。

二、事故原因

（1）测尘工齐某在没有观察工作面煤帮是否安全的情况下，盲目进入工作面的煤壁处进行测尘工作，煤壁片帮造成伤害。

（2）在工作面停止生产后，工作面施工人员没有对帮壁进行安全检查，未及时发现并排除安全隐患。

（3）现场安全管理人员检查不到位，对测尘工齐某的不安全行为没有及时制止。

 违章回柱伤腿事故案例分析

一、事故经过

2016 年 7 月 29 日中班，某煤矿综采队在 2235 工作面接班后，班长安排陈某和李某在机尾负责端头工作，二人在回上帮处贴帮支柱时，上帮煤壁突然折帮，将陈某腿部砸伤。

二、事故原因

（1）陈某和李某现场回柱时违章作业，违反作业规程中"回柱时严格执行'敲帮问顶'制度，卸载支柱时使用长把工具远距离操作"的规定。

（2）现场安全检查人员对作业现场重点环节和关键工序监管不到位，对违章作业行为监督检查不力。

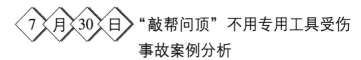

7月30日 "敲帮问顶"不用专用工具受伤事故案例分析

一、事故经过

2015年7月30日中班，某煤矿掘进工区王某班在三采区上顺工作面正常施工，职工张某在找顶过程中，顶板掉下一块长0.7 m、宽0.3 m、厚0.2 m的矸石，砸在张某左脚上，造成左脚拇趾骨折。

二、事故原因

（1）张某进行"敲帮问顶"时操作不规范，未使用专用工具，且无专人监护。

（2）现场作业人员自保互保意识差。

（3）现场跟班管理人员监督不到位，现场存在习惯性违章等不规范行为。

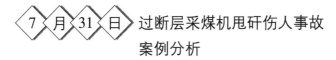

7月31日 过断层采煤机甩矸伤人事故案例分析

一、事故经过

2015年7月31日早班，某煤矿采一工区3209工作面正常生产，采煤机司机李某操作采煤机上行割煤时，由于工作面过断层，岩石较硬，当采煤机截割到70号支架时，李某被甩出的小块矸石砸伤右眼。

二、事故原因

（1）李某在开采煤机时安全防范意识差，采煤机割岩石时对有小矸石被甩出没有引起注意，未采取防护措施。

（2）区队班前会对特殊环节及注意事项未做重点强调。

（3）区队安全教育不到位，职工安全意识淡薄。

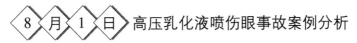

一、事故经过

2015 年 8 月 1 日早班，某煤矿采煤工区 1207 工作面正常检修期间，液压支架工陈某沿工作面对片帮段进行跟架控顶。当拉移 62 号支架时，推溜缸 $\phi13$ 钢编胶管前端突然鼓开，高压乳化液喷出，喷到陈某眼部，造成右眼球钝挫伤及玻璃体积血。

二、事故原因

（1）工作面支架钢编胶管老化，经常鼓管更换，存在潜在隐患，且支架工有时送液过快、操作不当导致鼓管喷液。

（2）工区对职工的安全教育不够，现场监督管理不到位。

⟨ 8 ⟩月⟨ 2 ⟩日 风管伤人事故案例分析

一、事故经过

2015 年 8 月 2 日中班，某煤矿掘一工区在 11503 机巷正常施工。工作面爆破后班长发现上帮成形不好，于是安排职工管某用风镐进行刷帮，在打风镐过程中风管 U 形卡突然脱落，导致风管甩出打在一旁清煤的孔某脸部，造成皮外伤。

二、事故原因

（1）职工管某在打风镐前未对风管接头 U 形卡连接情况进行认真检查，由于风管接头 U 形卡插孔长时间使用摩擦变大，已与 U 形卡尺寸不符，在不断振动过程中风管接头 U 形卡脱落，导致孔某受伤。

（2）工区值班区长安排安全工作不严不细，跟班管理人员对现场存在的安全隐患排查不到位，工区对职工的日常教育及安全培训力度不够。

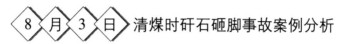

〈8 月 3 日〉清煤时矸石砸脚事故案例分析

一、事故经过

2014 年 8 月 3 日早班，某煤矿综采队端头支护工王某站在溜尾 57 号支架下清理三角区浮煤，突然从 56、57 号支架前梁之间落下一块长 20 cm、宽 20 cm、高 10 cm 的矸石，矸石掉在溜尾沿上，王某躲闪时被后路 1 根底脚锚杆挡住，未躲开，矸石反弹到王某左脚面上，将其脚面砸伤。

二、事故原因

（1）溜尾三角区顶板岩石层状发育、易片落，且职工王某自主保安意识差，未严格执行"敲帮问顶"制度，没有及时将架前顶板活矸危岩找掉，架间悬矸掉落。

（2）三角区 1 根底脚锚杆影响退路，未及时处理。

（3）工区对职工安全教育不够，职工的危险源辨识能力差、自主保安能力差。

（4）跟班管理人员、安监员现场监督管理不到位。

〈8 月 4 日〉连网作业时摔伤事故案例分析

一、事故经过

2015 年 8 月 4 日中班，某煤矿掘三工区在 2109 工作面上顺槽施工过程中，职工李某在处理爆破崩坏的顶网时，由于该处巷道顶板过高，李某将大板一端放在煤帮上另一端放在底板上，然后蹬上大板进行连网作业，这时大板突然下滑，李某摔倒在煤帮上，被帮上的锚杆划伤后背。

二、事故原因

（1）李某没有将大板固定牢固，班长没有安排专人进行监护作业，致使事故发生。

（2）现场安全管理不到位，施工人员对现场存在的危险有害因素辨识能力差。

8 月 5 日 矿车掉道挤伤人事故案例分析

一、事故经过

2015 年 8 月 5 日早班，某煤矿掘进三队信号把钩工刘某在 2300 中部车场负责把钩工作，突然一飞速下放的重车在中部底车场掉道后，将刘某挤在巷帮上，造成多处骨折。

二、事故原因

（1）刘某安全意识淡薄，在绞车运行时没有进入躲避硐躲避。

（2）绞车司机严重违章作业，放飞车导致事故发生。

（3）区队在运输管理方面要求不严，日常规范操作教育不到位。

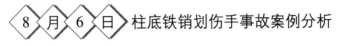

8 月 6 日 柱底铁销划伤手事故案例分析

一、事故经过

2013 年 8 月 6 日中班，某煤矿综采工区班长杨某与职工王某在 1207 工作面使用支柱顶转载机。在调整支柱位置时，王某双手抱住支柱底部往一边抛，支柱底部露出的铁销划伤右手心。

二、事故原因

（1）王某在搬移支柱时，没有发现潜在的隐患，采用抛掷方式，操作不当导致柱底外露的铁销划伤手心。

（2）职工自主保安意识差，工区对职工的安全教育不够，现场监督管理不到位。

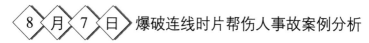 **爆破连线时片帮伤人事故案例分析**

一、事故经过

2014 年 8 月 7 日早班，某煤矿掘一工区李某班在 3 采区二阶段轨道下山正常施工。工作面打完炮眼后，班长李某安排爆破工姜某定炮连线，姜某在低头连底部炮眼时，煤帮滑落一块约 6 kg 的煤块砸在姜某的右胳膊上，造成破皮伤。

二、事故原因

（1）爆破工姜某在连线时未对现场环境进行安全确认，盲目作业，造成自身伤害。

（2）班长李某执行"敲帮问顶"制度不彻底，在姜某连线时未能起到监护作用。

（3）区队安全教育不到位，职工安全意识差。

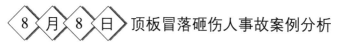 **顶板冒落砸伤人事故案例分析**

一、事故经过

2014 年 8 月 8 日中班，某煤矿采煤一队验收员发现刮板输送机机头处需起底，安排刘某、王某二人清理该处的煤矸。刘某、王某观察顶板较为平整，没有进行临时支护，在清理过程中顶板突然冒落，将二人砸伤。

二、事故原因

（1）刘某、王某安全意识淡薄，图省事、怕麻烦，存在侥幸心理，违章空顶作业。

（2）现场安全管理人员监督不到位，互保联保不到位，验收员未及时制止二人的违章行为。

（3）区队平时安全教育不到位，职工安全意识差。

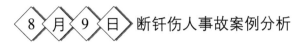

8 月 9 日 断钎伤人事故案例分析

一、事故经过

2014 年 8 月 9 日中班，某煤矿掘一工区王某班在 3202 轨道巷正常施工。到施工地点后王某安排打眼工张某、盛某二人打迎头眼。17 时左右，在打第三个顶部眼时，领钎人张某点好眼后抓住钻杆随着气腿将要升起时，风钻杆在钎尾处突然断开，钻机由于惯性向前把扶钻杆的张某右手碰伤，造成轻微伤。

二、事故原因

（1）领钎人张某在定好眼后，未能与盛某密切配合，右手仍握着钎尾处未及时松开。

（2）所用钻杆存在质量问题，工区没有足够重视。

（3）工区对职工安全教育不到位，施工人员没有严格按照操作规程进行操作。

8 月 10 日 推车挤手事故案例分析

一、事故经过

2015 年 8 月 10 日早班，某煤矿运输工区班长孙某安排曹某、翟某二人在副井把钩。10 时左右，当曹某装北罐时，矿车内有两块长 1 m、高 1.02 m、厚 0.8 cm 的钢板高出矿车沿 5 cm 斜靠在右侧矿车沿上，曹某右手抓矿车沿推车，矿车撞到罐笼内的车挡螺丝造成矿车内钢板反滑，挤伤曹某右手食指、中指。

二、事故原因

（1）曹某安全意识不强，未对矿车进行安全检查确认；人工推车时，手指放在矿车沿内部，矿车撞到罐笼内的车挡螺丝造成矿车内钢板反滑，导致手指被挤伤。

（2）现场操作人员互保联保意识差，曹某未按正规操作，孙某站在曹某的后方未及时制止。

（3）工区安全教育不到位，职工对危险因素辨识能力差。

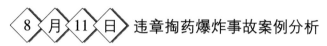

8 月 11 日 违章掏药爆炸事故案例分析

一、事故经过

2014 年 8 月 11 日夜班，某煤矿掘进一区在 2139 轨道巷工作面爆破后，班长徐某检查发现两个底炮未放响，并露出脚线。徐某用铲子把拒爆炮眼周围的浮煤清理干净后，叫打眼工打眼掏挖药卷，准备重新装药爆破。开钻不久，忽听一声巨响，拒爆炮眼内的残余炸药发生爆炸，将两名打眼工崩成重伤。

二、事故原因

（1）班长徐某违章指挥，安排打眼工用打眼的方法往外掏药。

（2）打眼工盲目服从，违章作业。

（3）工区安全教育不到位，职工安全意识差。

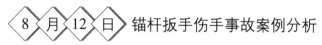

8 月 12 日 锚杆扳手伤手事故案例分析

一、事故经过

2015 年 8 月 12 日中班，某煤矿 11203 轨道顺槽施工过程中，由于锚杆扳手老化，职工刘某在紧固顶板处的锚杆时锚杆扳手滑脱，刘某摔倒后头部磕在风钻腿上，造成一起工伤事故。

二、事故原因

（1）刘某在紧固锚杆时未检查确认工具的完好性，是造成事故的主要原因。

（2）区队安全管理人员责任心差，现场隐患排查不严不细。

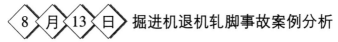 掘进机退机轧脚事故案例分析

一、事故经过

2013年8月13日早班，某煤矿掘进工区3100下山掘进工作面出完矸石后，掘进机司机陈某在退机过程中，将正在左帮处准备打眼机具的职工周某的右脚轧伤。

二、事故原因

（1）司机陈某在退机前未发出警示信号，并在未确认运转范围内是否有人的情况下盲目退机。

（2）周某安全意识淡薄，在掘进机未停机的情况下违章进入掘进机工作范围。

（3）工区安全教育不到位，职工现场危险有害因素辨识能力差。

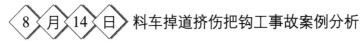 料车掉道挤伤把钩工事故案例分析

一、事故经过

2014年8月14日早班，某煤矿采煤一工区大班运料工何某等4名职工将-835车场的材料车送至8128轨道巷。12时30分，把钩工苏某将上车场分别装有金属网、单体支柱的3辆材料车连接后，发出运行信号，王某负责开绞车。车辆运行至8128轨道巷片盘口道岔处掉道侧翻，将把钩工董某挤伤，造成右小腿粉碎性骨折。

二、事故原因

（1）董某在片盘口把钩时站位不安全，违章站在信号硐室外被快速下行的车辆掉道侧翻挤伤，是造成事故的直接原因。

（2）上车场挂钩工苏某违反该斜巷运输特种车辆只允许挂2辆车的规定要求，是造成事故的主要原因。

（3）区队安排工作时未强调相关安全注意事项。

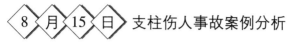 支柱伤人事故案例分析

一、事故经过

2015 年 8 月 15 日夜班，某煤矿综采工区液压支架工刘某、王某用单体支柱处理 1 号、2 号支架咬架过程中，将单体支柱一端打在 1 号支架顶梁上，一端打在电机底座上。在拉移 1 号支架时，单体支柱弹起将在一边观察的王某崩伤，造成王某肋骨骨折。

二、事故原因

（1）王某自我安全防范意识差，站位不安全，未意识到单体支柱可能弹起伤人。

（2）刘某互保联保不到位，对王某的站位未及时提醒。

（3）区队安全教育不到位，职工岗位危险有害因素辨识能力差。

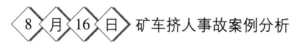 矿车挤人事故案例分析

一、事故经过

2012 年 8 月 16 日早班，某煤矿掘二工区班长邵某带领 6 名工人在 7100 带式输送机上山正常掘进。12 时 40 分左右，跟班区长赵某开绞车下放重车，陈某在一边扶重车，由于矿车掉道歪倒，把陈某挤在左帮上，导致小肠破裂，造成轻伤。

二、事故原因

（1）工作面轨道铺设质量不合格，无连接夹板，无道木固定，重车一轧就变形。

（2）把钩工陈某违章作业，自保意识不强，跟随重车行走。

（3）赵某身为跟班区长，不注重现场安全管理，在没有认真检查轨道质量的情况下，违章开绞车；班长邵某对陈某及赵某

违章操作没有及时制止；工作面其他作业人员互保意识不强，对违章现象也没有及时制止。

 跑车事故案例分析

一、事故经过

2006年8月17日夜班，某煤矿机修车间主任刘某班前会安排姜某带领职工在7306轨道巷回撤泵站设备升井。当设备运至7306轨道巷车场后，信号把钩工刘某开始连车，连车时由于泵箱过高，发现保险绳长度不够，无法连接全部5辆矿车。刘某既没有向跟班管理人员姜某汇报，也未采取其他有效措施，而是随手将保险绳放在最后一辆矿车内，其他5人对未连接保险绳也没有提出异议，随后发信号开始提车。当第一辆乳化泵箱车刚过上车场变坡点时，由于乳化泵箱车车轮小（属特种车辆），致使标准销子顶在变坡点地滚子上脱出，造成后边4辆车跑车。四辆车撞在坡下卧闸上以后继续向下跑去，最后撞在气动挡车梁上，车辆掉道后停住。

二、事故原因

（1）信号把钩工刘某违章操作，不使用保险绳，是造成跑车事故的直接原因。

（2）同班人员明知刘某违章操作而不加以制止，是造成跑车事故的另一直接原因。

（3）跟班管理人员姜某忽视现场安全管理，对提升特种车辆未作具体安排，也未明确具体负责人，是造成跑车事故的主要原因。

（4）车间主任刘某班前会安排工作不严不细，对提升特种车辆也未作出具体安排，是造成跑车事故的重要原因。

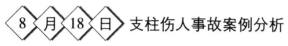 支柱伤人事故案例分析

一、事故经过

2013 年 8 月 18 日夜班，某煤矿综采工区职工孙某在 2303 工作面端头处清理浮煤时，一根单体支柱卸载倒地将孙某右脚砸伤，造成一起工伤事故。

二、事故原因

（1）孙某现场危险有害因素辨识不到位，作业前未确认现场环境的安全情况。

（2）对现场隐患排查不及时，未及时发现工作面损坏支柱，且支柱未按要求拴防倒绳。

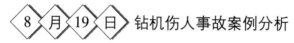 钻机伤人事故案例分析

一、事故经过

2013 年 8 月 19 日早班，某煤矿开拓工区打眼工张某、贾某在二采区运输巷打工作面顶眼过程中，由于巷道高度较高，张某在扶钻退机时，钻机突然向前倾倒，将领钎人贾某左肩砸伤，造成贾某肩胛骨骨折。

二、事故原因

（1）张某、贾某二人在打工作面顶部炮眼时，对巷道高度较高的情况未引起注意，操作过程中二人配合不当，造成事故发生。

（2）区队管理不到位，班组之间在交接班时未相互创造好的安全生产条件，夜班未给早班创造蹬渣作业的条件。

 违章提运超重车事故案例分析

一、事故经过

2007 年 8 月 20 日夜班班前会上，某矿采三工区区长秦某安

排大班班长张某负责从 7114 工作面向 7119 工作面转运设备，装满铁鞋后，张某便安排林某和另外三人负责把铁鞋运到 7119 工作面。约凌晨 1 时，铁鞋运倒 7119 轨道巷外车场，林某便安排张某开里部对拉绞车，自己开外部 11.4 kW 绞车。由于超重矿车下坡运行速度越来越快，当重车运行至下部变坡点以上 4 m 左右时，林某估计重车快到变坡点便紧急刹车，造成绞车与底托梁连接螺丝从底托梁上拔出，绞车迅速向右前方滑动，因躲闪不及林某右腿被绞车刮伤。

二、事故原因

（1）伤者林某自主保安意识差，在明知矿车超重的情况下违章提运是造成事故的直接原因。

（2）班长张某指挥装车时未考虑到矿车超重可能会造成事故，违章作业，是造成事故的另一直接原因。

（3）跟班区长姜某接到事故报告后，为隐瞒事故而未向调度室汇报，是造成事故的主要原因。

 **顶梁挤手事故案例分析**

一、事故经过

2003 年 8 月 21 日 21 时，某煤矿炮采工区张某在 7107 工作面攉完煤，从人行道到煤壁挂最后一根梁时，梁圆销挂到正在运行的输送机上，梁被拉下，张某急忙伸手抓住梁，梁发生错动，把张某左手挤到正规支柱上，其无名指被挤伤。

二、事故原因

（1）张某操作技能低、自保意识差，违章操作，是造成事故的主要原因。

（2）跟班区长朱某现场安全管理不到位，同时平常对工人的安全教育力度不够，是造成事故的重要原因。

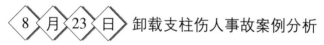 紧链器伤手事故案例分析

一、事故经过

2010 年 8 月 22 日早班，某煤矿掘进二工区班长张某带领朱某、楚某在 7126 机巷（西）延长刮板输送机。约 8 时 10 分，溜槽对接好，准备紧链子，朱某负责挂紧链器、楚某负责拉手刹，准备工作做完后，张某开始启动刮板输送机。在点动时，右侧紧链器连接环（未上螺丝）突然断开，站在刮板输送机机头处的朱某躲闪不及，右手无名指被断开的链子打中，造成轻微伤。

二、事故原因

（1）朱某自主保安意识差，在对接链条时违章操作，是造成事故的主要原因。

（2）当班班长张某安排工作不严不细，将工作不熟练的朱某安排接链条，是造成事故的另一主要原因。

（3）跟班副区长潘某、安监员张某对现场监管不到位，是造成事故的重要原因。

（4）420 型刮板输送机刹车不起作用，机电副区长张某对设备管理不到位，也是造成事故的主要原因。

（5）值班区长赵某安排工作不细，对职工的安全教育不到位，设备不完好，导致职工违章作业，是造成事故的另一重要原因。

8 月 23 日 卸载支柱伤人事故案例分析

一、事故经过

2015 年 8 月 23 日早班，某煤矿采煤工作面职工王某、杨某两人进行端头支护工作。王某准备回收顶梁时，身后一根卸载的支柱歪倒砸在其右脚上，造成骨折。

二、事故原因

（1）王某自保意识差，在回收顶梁前没有认真检查作业地

点的支护情况。

（2）支柱卸载没有及时加压。

（3）杨某监护工作不到位，互保意识差。

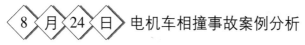 电机车相撞事故案例分析

一、事故经过

2012 年 8 月 24 日早班 12 时，某煤矿掘进电机车把重车推到副井底，在返回运输大巷的过程中与自西向东的拉煤电机车相撞，造成掘进电机车掉道、拉煤机车翻车，影响生产 55 min，无人员受伤。

二、事故原因

（1）跟车工韩某应在三岔路口指挥电机车调头，但他在没有同电机车司机说清的情况下擅离工作岗位（上厕所），是导致事故的直接原因。

（2）掘进电机车司机张某在没有人指挥和不清楚大巷情况的前提下直接去大巷调头，拉煤电机车司机尹某在交叉口处没有减速，也是造成事故的直接原因。

（3）运搬工区对职工安全教育不够，管理制度落实不到位，是造成事故的间接原因。

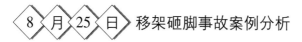 移架砸脚事故案例分析

一、事故经过

2013 年 8 月 25 日夜班，某煤矿综采二队在 2102 综采工作面生产，液压支架工李某移 21 号支架，支架即将到位时，从支架左侧架间掉下一大块矸石，矸石掉在电缆槽上弹向架间，将李某右脚砸伤，造成右脚第四节趾骨粉碎性骨折。

二、事故原因

（1）李某对本工种存在的危险因素重视不够，移架前没有认真检查顶帮状况和清理架间的危岩活矸。

（2）李某自主保安意识差，人员站位不当，右脚站位靠前，掉矸后防范动作不及时。

（3）现场监督管理不到位。

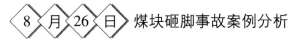 煤块砸脚事故案例分析

一、事故经过

2013 年 8 月 26 日早班，某煤矿掘进工区王某班在 3312 掘进工作面正常施工，打眼工陈某在给钻机油壶加油时，左帮上部片帮，滑落一大块煤块将陈某左脚砸伤。

二、事故原因

（1）帮网拖后未及时跟帮网。

（2）陈某检修锚杆钻机前未对作业区域的顶帮进行仔细检查且站位不当。

（3）区队安全教育和安全监督管理不到位，职工安全意识不强。

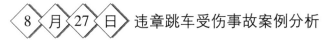 违章跳车受伤事故案例分析

一、事故经过

2010 年 8 月 27 日早班 1 时 10 分左右，某煤矿运搬工区电机车司机杨某拉煤向东行驶，在大巷防水闸门以西处，突然看到在副井空车道处一电机车拉空车出来，杨某便急忙刹车，在车没停稳的情况下，跟车工张某见刹车就从车上跳下来，左小腿碰撞产瘀血。

二、事故原因

（1）电机车司机杨某急刹车，是造成矿车掉道的主要原因。

（2）跟车工张某自保意识差，电机车没停稳就跳车，是造成伤害的原因。

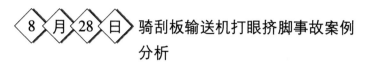

8 月 28 日 骑刮板输送机打眼挤脚事故案例分析

一、事故经过

2005 年 8 月 28 日早班 6 时 10 分，某煤矿采一工区早班副班长李某和贺某、孙某三人在 7303 工作面刮板输送机机头以下 6 节处打眼，工作面正在出煤，离他们 10 m 左右夜班班长刘某正在支正规柱。此时，煤壁片帮，落下的长约 2 m、宽约 1 m 的大块煤把临时柱砸倒，刘某紧急晃灯并大喊，但李某等三人没有及时躲闪。由于李某骑在刮板输送机上打眼，脚又正好放在临时柱子旁，因此他的脚被挤在大块煤和临时柱子之间，右脚挤伤，造成重伤。

二、事故原因

（1）李某、贺某在正规支柱没有支完的情况下实施打眼，并且骑在运行的刮板输送机上操作，严重违反操作规程，是造成事故的直接原因。

（2）孙某负责观察刮板输送机及周围情况，没尽到岗位职责，是发生事故的间接原因。

（3）采一工区区长对职工安全教育不够，跟班区长蔡某现场安全管理不到位，工人自保互保意识不强，也是造成事故的间接原因。

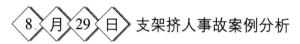

8 月 29 日 支架挤人事故案例分析

一、事故经过

2013 年 8 月 29 日夜班，某煤矿综采工区 2306 工作面正常生产。班长葛某安排龚某在上端头处理鼓帮。约 2 时 50 分，龚某站在 1 号支架和 2 号支架下的浮煤上用绞钳剪顶网，碎煤突然下沉，龚某颈部被挤在 1 号支架前梁和 2 号支架护帮板之间，造成死亡事故。

二、事故原因

（1）龚某违章将头颈部从 1 号支架前梁和 2 号支架护帮板的间隙伸至支架前梁上部剪铁丝网，2 号支架护帮板受动压影响突然下沉，将其挤到 1 号支架前梁上挤伤颈部致死。

（2）该工作面地压显现明显，事故发生地点外部顺槽局部顶梁变形严重，当处理鼓帮并剪断顶网时，2 号支架护帮板受动压影响突然下沉。

（3）现场跟班管理人员监督不到位；区队安全教育不到位；职工安全意识薄弱，自保意识差。

8 月 30 日 钎子伤人事故案例分析

一、事故经过

2015 年 8 月 30 日中班，某煤矿掘二工区班长刘某和职工张某在 2106 机巷工作面打顶部锚索眼，在施工过程中由于锚索机卸压阀被卡住不卸压，因此班长刘某安排张某用铁丝处理卸压阀卸压部分。在处理过程中锚索机因惯性降落，随着锚索机降落，钎子无支撑后下落，由于张某站位不正确，钎子砸在张某的右脚上，导致张某右脚跗骨骨折。

二、事故原因

（1）张某自保意识差，站位不正确，对现场危险有害因素辨识不到位。

（2）班长刘某互保意识差，未发现并提醒现场存在的安全隐患。

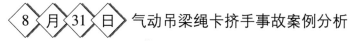 气动吊梁绳卡挤手事故案例分析

一、事故经过

2016 年 8 月 31 日早班交接班后，某煤矿掘进工区班长周某安排大班绞车司机胡某开 7600 上山绞车，马某在下车场负责把钩，准备用绞车下放电动滚筒支架。绞车司机胡某打点放车，马某发出回点，接着又听到停点信号，一会儿看到本班人员往下抬一捆输送带短节。马某看到气动吊梁未到位，便用手去按吊梁，不慎被绳卡与气缸跑道挤伤，造成左手小拇指手指盖脱落。

二、事故原因

（1）马某操作行为不规范，自保意识差，用手去按压气动吊梁时没有注意到左手所处的危险位置，是造成事故的直接原因。

（2）掘进工区现场交接班慌乱无序，为赶第一班人行车急于完成运送输送带的任务，是造成事故的间接原因。

（3）值班区长李某安排工作不严不细，对重点环节没有重点细致安排，是造成事故管理方面的原因。

9 月

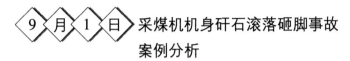

9 月 1 日 采煤机机身矸石滚落砸脚事故案例分析

一、事故经过

2014 年 9 月 1 日早班，某煤矿综采工区 1502 工作面，采煤机司机杨某、王某操作煤机往刮板输送机机尾方向割煤。9 时 50 分左右，割至 48 号支架处时，由于该处为断层，支架高度较低，采煤机经过时机身上一块 400 mm×300 mm 矸石被护帮板刮到滚落下来，将副司机王某的右脚砸伤。

二、事故原因

（1）副司机王某自主保安意识差，在过断层、支架高度较低时，没有及时停机对采煤机机身的大块矸石进行清理，矸石被采煤机护帮板刮落而砸脚。

（2）王某所持采煤机遥控器不灵敏，并在近距离操作、站位不当。

（3）副司机王某所持采煤机司机证件过期，主司机杨某未尽到互保责任。

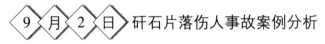

9 月 2 日 矸石片落伤人事故案例分析

一、事故经过

2014 年 9 月 2 日中班，某煤矿开拓二工区在西翼轨道巷正常施工。掘进工齐某和孙某两人拿镐清理下部炮眼矸石时，工作面岩石突然片帮，掉下一块长宽约 3 m、高约 1 m 的岩石，砸到插在炮眼内的钎杆后又砸向正在下面工作的孙某身体右侧并将其砸倒在地。

二、事故原因

（1）掘进工孙某在工作面岩石松软、破碎而没有很好地执行"敲帮问顶"制度，在没有安全监护者的情况下直接在下方作业。

（2）施工现场安全管理力度不够，班长对现场安全工作安排不严不细。

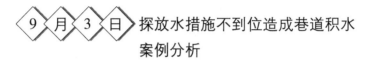

9 月 3 日 探放水措施不到位造成巷道积水案例分析

一、事故经过

2013 年 9 月 3 日，某煤矿由地测科编制了二灰探放水措施，防治水队于 5 日进行施工，下直径 89 mm 一级套管 14.2 m，注浆压力 2.0 MPa，煤壁无渗水。9 日上午 12 时见二灰 1.0 m，开始出水，出水量约 30 m³/h，当时现场无截门。截门运至现场后，上好截门关闭水源 10 min 后煤顶开始出现渗水现象，于是将截门小量打开，渗水量在 10 m³/h。由于未关截门前出水量较大，原泵排水量不能满足要求，造成巷道低洼处积水较多，于是矿组织了潜水泵及软管，于下午 5 时运至现场，于 10 日 6 时将积水基本排出。

二、原因分析

（1）对二灰的出水量认识不足，该段块内二灰厚 1.7 m，下距 10 煤 15.9 m，在 -395 运输大巷及带式输送机巷内二灰多处揭露，出水量较小，10101 下轨道巷打钻以前距最近的带式输送机大巷二灰揭露点 60 m 左右，仅有少量淋水，因此考虑探放水孔的水量在 10 m³/h 以下，已有排水系统能够排出。但实际出水量达 30 m³/h，排水系统不能满足，造成巷道积水。

（2）在钻探过程中，遇见断层，钻孔提前见二灰，造成未及时上截门。

（3）该巷裸露时间长，顶板下沉破碎，关闭截门后造成煤顶渗水。

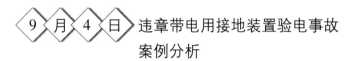

9 月 4 日 违章带电用接地装置验电事故案例分析

一、事故经过

2009 年 9 月 4 日，某矿安排早班进行检修、中班进行反风演习，各工区根据检修项目按计划进行检修。机电工区安排电工马某和华建公司曹某、侯某在井下中央变电所更换低压柜隔离开关。7 时 36 分，马某、曹某把低压负荷开关停电后，准备去停高压开关时，侯某用接地线验低压进线柜的一次侧，造成三相弧光短路，引起变压器低压侧接线抽头融化，将部分电缆烤焦，烟雾充满变电所并涌进巷道。

二、事故原因

（1）操作人员侯某未停电就用接地装置验电，造成接地线弧光短路，是造成事故的直接原因。

（2）监护人员曹某责任心不强，没有起到监护作用，是造成事故的主要原因。

（3）矿、工区对职工教育不够，工人自主保安意识不强，不按措施操作，也是造成事故的间接原因。

9 月 5 日 矸石砸手事故案例分析

一、事故经过

2014 年 9 月 5 日中班，某煤矿综采工区采煤机司机魏某在开采煤机时发现电缆槽内有一块矸石，魏某怕矸石挤坏电缆在没有观察好顶板的情况下使用手去拿这块矸石，不料从液压支架间突然掉下一块矸石，正好砸中魏某的右手，造成其无名指和中指骨折。

二、事故原因

（1）采煤机司机魏某自主保安意识差，平时不注重学习安全知识，在工作过程中只顾工作，不重视安全，对工作面每个地段的安全情况不熟悉，不遵守"敲帮问顶"制度，造成自身伤害。

（2）工区跟班副区长现场管理不到位，对存在的隐患没有及时发现处理。

（3）工区在安全管理方面存在漏洞，对职工教育不到位，现场管理不严不细。

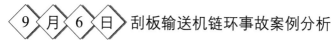 刮板输送机链环事故案例分析

一、事故经过

2017 年 9 月 6 日早班，某煤矿掘进工区范某班组准备在 7113 探煤巷施工，到达工作地点后队长范某安排职工郑某开第一部刮板输送机，李某开第二部刮板输送机。7 时 20 分左右，李某发现一块矸石挤在刮板输送机机头底托板与小支架之间，造成第二部刮板输送机无法正常运转，随后李某喊来第一部刮板输送机司机郑某采用倒车方式共同处理，由于担心倒车时有余链损坏刮板输送机机头护板，李某操作按钮，郑某用手提链环，7 时 30 分左右郑某在用手提多余的链环时，造成左手中指第一节被链环挤伤。

二、事故原因

（1）李某在一部刮板输送机未运行时就启动二部刮板输送机，违反开机顺序，导致积矸卡在刮板输送机机头下方，是造成

事故的直接原因。

（2）李某、郑某在处理刮板输送机故障时图省事、怕麻烦，违章作业，没有合理使用工具而用手直接去提运行中的链条，是造成事故的又一直接原因。

（3）工区对职工的安全意识教育不到位，职工存在习惯性违章行为，是造成事故管理方面的原因。

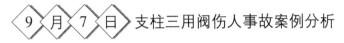 支柱三用阀伤人事故案例分析

一、事故经过

2015 年 9 月 7 日中班，某煤矿 3327 工作面割煤完成后，班长安排端头工支设超前支柱。3 时 55 分左右，在给支柱加压过程中，端头工王某观察支柱直线性时面部正对三用阀，三用阀突然崩出，打到王某的安全帽上，造成其额头受伤。

二、事故原因

（1）王某操作不规范，给支柱加压时面部没有躲开三用阀。

（2）支柱不完好，三用阀丝扣老化退丝，支设前王某没有进行细致检查。

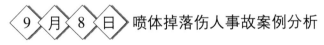 喷体掉落伤人事故案例分析

一、事故经过

2013 年 9 月 8 日早班，某煤矿开拓队在二采轨道巷掘进施工。打眼前由王某找顶帮危岩活矸，确认安全无误后安排打下一个循环炮眼。打完眼后，王某去右帮处关风、水开关时，顶板突然掉落一块 1.7 m×0.8 m×0.05 m 的喷体，正好砸中王某，造成其肩部锁骨骨折。

二、事故原因

（1）拌料不均匀，且复喷时减少了速凝剂掺加量，导致喷

体质量差。

（2）炮震促使没完全凝固、结合不好的喷体离层脱落。

（3）打完眼后没有及时找掉开裂的喷体。

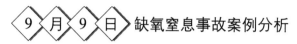

一、事故经过

2015年9月9日早班，某煤矿通防工区瓦斯检查员陈某在16307采煤工作面机巷检查瓦斯时发生窒息，经抢救无效死亡。经分析是16307采煤工作面自8月29日停采，机巷低洼点自吸泵损坏导致积水漫过顶板形成盲巷，造成人员缺氧窒息。

二、事故原因

（1）该煤矿采煤一工区安全管理不到位，对停采工作面疏于管理，造成机巷低洼点积水形成盲巷，是造成事故的主要原因。

（2）陈某安全自保意识差，未对现场安全情况进行确认。

（3）矿安全管理部门监管不到位，未对停工地点进行安全检查。

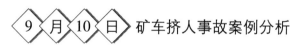

一、事故经过

2009年9月10日，某煤矿西轨石门10号交岔点发生一起运输事故，死亡一人。当日早班，运搬工区电机车司机韩某和杜某在运输过程中，把一辆空车顶在电机车前面，重车挂在电机车后部，杜某站在空矿车前部，在西轨石门10号交岔点处，杜某被矿车挤死。

二、事故原因

（1）违章操作，前顶后拉，违章蹬钩。

（2）区队管理不严，安全教育不够。

（3）对动压巷道的轨道维护不及时。

（4）安全基础工作较薄弱，职工安全意识差。

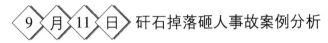

9 月 11 日 矸石掉落砸人事故案例分析

一、事故经过

2015 年 9 月 11 日中班，某煤矿采煤工区 8802 工作面割煤移架后，班长张某安排王某和李某清理 30～35 号支架断层处的浮矸。1 时 30 分左右，煤壁片落一大块岩石，砸到正在清理浮矸的王某后背上，造成腰椎骨轻微骨裂。

二、事故原因

（1）王某自保意识差，在清理浮矸前未执行"敲帮问顶"制度。

（2）李某互保联保不到位，未提示王某要"敲帮问顶"。

（3）班长张某现场安排工作不到位，未强调相关安全注意事项。

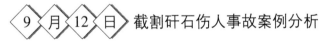

9 月 12 日 截割矸石伤人事故案例分析

一、事故经过

2012 年 9 月 12 日中班，某煤矿掘进一工区掘进机司机高某在 3001 带式输送机巷正常截割过程中，工作面顶部掉落一大块矸石，顺着截割臂滚落至操作台处将高某砸伤，造成一起工伤事故。

二、事故原因

（1）高某在操作过程中自我安全防范意识差，未意识到 3001 带式输送机巷过断层期间掘进机沿 12°上山施工，可能存在矸石滚落伤人的风险。

（2）区队班前会安排工作不到位，未对3001带式输送机巷过断层期间的安全注意事项进行安排。

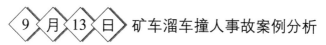

9 月 13 日 矿车溜车撞人事故案例分析

一、事故原因

2010年9月13日夜班，某矿运搬工区副区长郭某值班，地面运输班长王某安排张某、国某在高位翻车机作业，张某负责后路推车、掩车，国某负责填车。4时30分左右，二人开始对车场的10辆车皮翻料，当国某推第一辆车入翻煤笼时，由于后路没有掩车，第二辆车滑行撞到第一辆车车嘴，车身翘起前倾，把国某撞到第一辆车身上，造成其肋骨骨折。

二、事故原因

（1）高位翻车机安全设施不完好，阻车器失效，没有起到阻车作用；张某没有掩车，造成车辆滑行，是造成事故的直接原因。

（2）职工操作时配合不好，没有起到监护作用，是造成事故的间接原因。

（3）运搬工区安全管理存在漏洞。高位翻煤笼周围物料摆放乱，安全环境差，造成职工按标准操作的意识不强，是造成事故的另一间接原因。

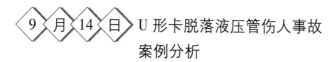

9 月 14 日 U 形卡脱落液压管伤人事故案例分析

一、事故经过

2013年9月14日中班，某煤矿综采工区8260工作面正常推采。17时30分左右，支架工李某、张某发现12号支架上有浮矸，于是降支架清理浮矸。在降架瞬间，12号支架液压管U形卡脱落，液压管抽出，乳化液喷在李某右眼皮处造成眼皮红肿。

二、事故原因

（1）李某现场操作不规范，操作前没有对支架液压管路连接情况进行检查，操作时未做到试供液。

（2）张某互保联保意识差，监护不到位。

（3）现场安全管理不到位，对职工存在的习惯性违章疏于管理。

9 月 15 日 开关架踩翻摔伤事故案例分析

一、事故经过

2014 年 9 月 15 日夜班，某煤矿掘进工区 11302 轨道顺槽正常掘进。凌晨 6 时左右，班长潘某在对顶部锚网进行连网时，由于巷道较高，于是潘某站在一个用角铁焊成的开关架上（开关架高约 60 cm），潘某不小心将开关架踩翻，摔倒后将左腿摔伤，造成左腿膝盖骨骨折。

二、事故原因

（1）潘某自主保安意识不强，登高作业时未采取相关防范措施，盲目作业。

（2）跟班区长、安监员现场安全监管不到位。

（3）工区管理不到位，未能在现场给职工创造良好的工作条件，未配置安全可靠专用的登高工具。

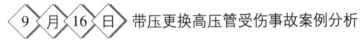

9 月 16 日 带压更换高压管受伤事故案例分析

一、事故经过

2011 年 9 月 16 日早班 9 时 50 分，某煤矿综采一区检修班支架维修工孙某在更换支架前立柱直径 13 cm 的高压进液管时，由于没有让控制台司机停泵，且没关闭本架的平面截止阀，造成高压胶管甩出打伤自己的左小腿。

二、事故原因

（1）支架维修工孙某安全意识淡薄，违章作业，是造成事故的直接原因。

（2）检修班班长张某管理不严不细，没有重点检查工作面存在的隐患，超前预见性差，是造成事故的主要原因。

（3）跟班副队长王某现场管理不到位，没能认真排查出现场存在的问题，是造成事故的又一主要原因。

 爆破事故案例分析

一、事故经过

2007年9月17日早班，某煤矿掘三工区值班领导班前会安排2702上顺槽起底，13时左右跟班管理人员来到2702上顺槽，发现变坡点处高度不够，安排组长兼爆破员张某挖底。14时40分左右，张某开始设岗装药，工作面三炮，变坡点处三炮，相距大约5 m，在连线时发现雷管脚线不够长，便用三发电雷管裸露串联工作面与变坡点处的三组炮一起爆破。张某违章作业，性质十分严重，造成一起爆破侥幸事故。

二、事故原因

（1）组长兼爆破员张某图省事，怕麻烦，严重违章作业，擅自用雷管作导线爆破。

（2）工区管理不到位，组长兼任爆破员，致使爆破工作没有监护人，没有人及时制止违章作业。

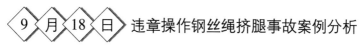 违章操作钢丝绳挤腿事故案例分析

一、事故经过

2010年9月18日早班14时10分，某煤矿掘一工区南2602

中顺扒装机出矸更换车皮，当班绞车司机田某负责对拉绞车的提升运输。当矿车提至距扒装机 8 m 时，绞车司机田某发现绞车绳向右跑偏严重，就用右手操作绞车离合闸把，左脚伸向绞车前方去钩拨运行中的钢丝绳，被绞车绳缠进滚筒，由于其身体压住离合手把，不能及时放开离合，致使左大腿根部被绞车钢丝绳勒挤，造成皮肤严重开裂。

二、事故原因

（1）绞车司机田某自主保安意识差，严重违章操作，一手开绞车，同时用脚钩拨运行中的钢丝绳，是造成事故的直接原因。

（2）跟机绞车安装不合格，致使绞车绳严重跑偏，是造成事故的间接原因。

（3）绞车安装后，未经业务部门验收就擅自使用，并且现场工区管理人员违章指挥安排使用未经验收合格的绞车，是造成事故的重要原因。

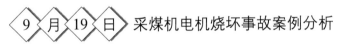 采煤机电机烧坏事故案例分析

一、事故经过

2011 年 9 月 19 日，某煤矿变电所配电工向工区汇报二采区高防开关过负荷跳闸，该机电工区区长害怕承担停产责任，安排维修工甩掉保护，强行送电，造成采煤机电机烧坏事故。

二、事故原因

（1）该机电工区区长工作责任心差，对出现的漏电事故存侥幸心理，出现问题没有去排查跳闸原因而是违章指挥，命令职工强行送电，预见性差，以致事故扩大。

（2）采区移动变电站整定值调得大，未起保护作用，以至于煤机开关接点一项虚接造成电机缺相烧坏电机，是造成事故的主要原因。

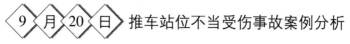

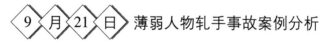 **推车站位不当受伤事故案例分析**

一、事故经过

2015 年 9 月 20 日中班，某煤矿安装工区管理人员分派工作，并强调人员不能站在矿车两侧运输物料及检查运输线路的安全设施。安排由职工李某为负责人和赵某等 8 人一起从南大巷到南 601 下顺槽运输液压支架。22 时 10 分左右，当运送第五架液压支架到南翼轨道巷第一部 25 kW 绞车下车场后，转由 8 人人力推运。当液压支架推至下车场躲避硐前 2 m 道岔转弯处时，站在右后侧推车的魏某被挤伤。

二、事故原因

（1）伤者魏某自保意识差，推车时站立位置不当。

（2）液压支架经过南轨道巷 25 kW 绞车下车场第一个弯道处时，其右后端与右帮最小间隙 225 mm，是造成事故的间接原因。

（3）同时作业的 8 人互保联保意识差，没有起到互相监督提醒的作用，是造成事故的另一间接原因。

（4）工区管理不到位，现场工作安排不严不细，现场只明确了一名工人临时代理负责人，没有跟班区长、班长监督。

9 月 21 日 薄弱人物轧手事故案例分析

一、事故经过

2013 年 9 月 21 日中班，某煤矿机运工区职工刘某，由于婚姻变故，精神低迷，情绪失落，在中班 -300 大巷下料掩车时，手指不慎被轧成骨折。

二、事故原因

（1）该职工遭婚姻变故，精神状态低迷，最近工作一直情绪低落，是安全方面让人不放心的精神薄弱人员。

（2）该工区对精神薄弱人员不够重视，知道其家中情况但是没有让其停止工作，依然任其从事井下工作，是造成事故的主要原因。

（3）职工及领导安全防范意识差，教育不到位，是造成事故的另一原因。

9 月 22 日 中线偏移案例分析

一、事故经过

2013 年 9 月 22 日早班，某煤矿地测科测量人员杨某带领三人到 3$_下$809 运输巷延测中线。后测时发现 9 月 10 日测量的 7 号导线点与 6 号导线点方位与设计方位偏差 1°，杨某检查资料发现数据有误，立即组织人员从 1 号导线点复测，只有 7 号导线点有错误。上井后，地测科立即组织有关人员分析。后发现是 9 月 10 日地测科负责人赵某测量时读数错误，现场没有发现，导致中线偏差。

二、事故原因

（1）测量人员责任心不强。

（2）在测量过程中，没有严格执行《煤矿测量规程》的有关规定。

（3）现场操作不认真，上井后资料验算不及时。

（4）没有及时按要求测第二遍，资料没有复算。

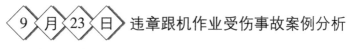

9 月 23 日 违章跟机作业受伤事故案例分析

一、事故经过

2015 年 9 月 23 日早班，某煤矿掘三工区在 2601 下顺槽正常施工，班长兼耙装机司机张某采用自拉自拽前移耙装机，职工张某某跟在耙装机卸料槽右侧。耙装机前移中，因顶板有一疙瘩头，耙装机的后尾轮被顶板疙瘩头下压，造成耙装机剧烈晃动，张某某赶忙扶耙装机。此时放在耙装机底盘上的生根绳橛子掉下来，一端撑在巷帮上，另一端撑在耙装机底盘上，耙装机后轮向右顶掉道，造成耙装机卸料槽与支撑腿连接处碰伤张某某的胸部。

二、事故原因

（1）班长张某移耙装机时，职工张某某跟机作业，没有撤到安全地点，致使耙装机掉道碰伤职工张某某。

（2）违反作业规程规定移机，即"上山移机时必须使用小绞车牵引，严禁自拉自拽，并且在上山移机时在耙装机卸料槽下必须连接一个矿车，并用枕木在矿车上部与耙装机卸料槽下部垫实"。

（3）移机处顶板有疙瘩头，致使移机时尾轮受阻，耙装机颠簸。

（4）放在耙装机底盘上的生根橛子因耙装机颠簸掉下来，并顶在底盘上，致使耙装机顶掉道。

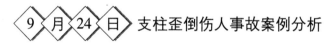 支柱歪倒伤人事故案例分析

一、事故经过

2015 年 9 月 24 日夜班，某煤矿综采工作面端头支护工王某、杨某二人在上端头进行回柱工作。王某准备用锤打脱顶梁圆销回收顶梁时，身后一根卸载支柱歪倒砸在王某右脚上，造成骨折。

二、事故原因

（1）王某自保意识差，在回柱前没有认真检查作业地点的支护情况。

（2）杨某监护工作不到位，互助保安意识差。

（3）现场安全监督管理不到位，工区对职工教育不到位。

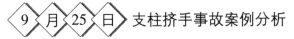 支柱挤手事故案例分析

一、事故经过

2018 年 9 月 25 日早班，某煤矿采煤工区值班区长于某班前会安排运料班长董某带领李某等人去一采区中部车场运单体支柱升井。上午 11 时左右，几人到达一采区中部车场后，董某安排把两个装有单体支柱的平板车装成一车便于运输。于是几人便开始从一个平板车上往另一个平板车上搬运支柱。11 时 30 分左右，当董某先抬起一根 4.5 m 支柱的柱爪头时，李某随手去抬支柱的根侧，由于两人配合不默契，李某的左手中指被旁边滑过来的支柱挤在两支柱之间，造成挤伤事故。

二、事故原因

（1）在抬运过程中两人配合不默契，李某手放位置不当，自保意识差，是造成事故的主要原因。

（2）班长董某现场安排工作不细，互保意识差，是造成事故的间接原因。

（3）工区值班区长于某班前会工作安排不严不细，未强调抬运过程中的注意事项，现场管理不到位，是造成事故的管理原因。

（4）技术员王某对工作措施传达不到位，是造成事故的另一原因。

9 月 26 日 回头轮挤手事故案例分析

一、事故经过

2009 年 9 月 26 日夜班，某煤矿掘进二工区班长李某带领职工史某、李某二人在 1106 下轨道巷劈帮扒装时，发现耙装机钢丝绳卡在了回头轮转动部分与固定板之间，便停机处理。史某取下并抱住回头轮，李某用力拽动钢丝绳，抽绳中史某的左手无名

指被挤在回头轮转动部分与一侧固定板之间，致使其左手无名指骨折。

二、事故原因

（1）职工史某自主保安意识差，在处理回头轮挤绳故障时用手握持回头轮，方法不当。

（2）班长李某安排工作不严不细，互保能力差，配合不到位。

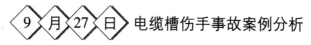

一、事故经过

2017 年 9 月 27 日夜班，某煤矿安装工区班长张某开稳车，安排郭某发信号，杨某、张某两人负责连钩跟随拖运 764 刮板输送机的电缆槽。7 时左右，在拖运过程中由于底板不平，电缆槽偏滑挂住巷帮，但郭某未及时发出停车信号，致使电缆槽受力前窜，张某忙用手扶住电缆槽。这时电缆槽突然歪倒，将张某右手中指挤在溜槽沿上，造成中指骨折。

二、事故原因

（1）在运输过程中，张某违章操作，手放位置不当，是造成事故的主要原因。

（2）底板不平，张某、杨某未提前采取措施，是造成事故的间接原因。

（3）郭某未及时发出停车信号，互保意识差，是造成事故的另一间接原因。

（4）现场监督管理不到位，是造成事故的管理原因。

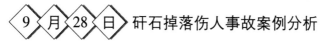

一、事故经过

2014 年 9 月 28 日中班，某煤矿掘进工区队长刘某等 8 人在

3116 轨道巷施工。爆破后在工作面没有使用临时支护的情况下，刘某直接打锚杆进行支护，此时受打风钻时冲击力震动，顶部一块矸石掉落，顺刘某手臂滑下，造成手臂划伤。

二、事故原因

（1）施工人员违章空顶作业是造成事故的直接原因。

（2）现场管理人员监督不到位，对违章现象没有及时制止。

（3）工区对职工的安全教育不到位，职工安全意识差，存在违章蛮干现象。

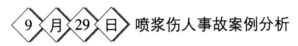 喷浆伤人事故案例分析

一、事故经过

2014 年 9 月 29 日中班，某煤矿掘进工区喷浆班在巷道喷浆施工过程中，由于出料管路连接不牢固，管路堵塞造成管路断开，喷料崩出，将职工孟某腿部崩伤。

二、事故原因

（1）施工人员在连接管路时不认真，管路连接不牢固，造成管路断开。

（2）喷浆机入料筛破裂，该处漏入粗料，造成管路堵塞。

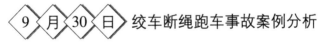 绞车断绳跑车事故案例分析

一、事故经过

2014 年 9 月 30 日夜班，某煤矿运输工区绞车司机殷某在该巷道第二部车场开绞车松料时，由于事先没检查绞车绳，导致绞车绳因老化而断绳跑车，险些酿成人身事故。

二、事故原因

（1）绞车司机殷某安全意识不强，在开绞车前没有对绞车

绳进行检查，是造成事故的主要原因。

（2）跟班电工没有对绞车的完好情况进行检查，导致不能主动更换老化的绞车绳。

（3）跟班区长没有发挥监督管理的作用，现场安全管理出现漏洞。

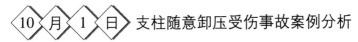

10 月 1 日 支柱随意卸压受伤事故案例分析

一、事故经过

2015 年 10 月 1 日早班，某煤矿采煤工区职工董某在 1102 上顺槽支设超前支柱时，发现顶梁上方接顶不实，随即将支柱卸压后进行垫料，突然顶部掉落一块矸石将董某右臂划伤。

二、事故原因

（1）董某未严格执行作业规程中"整改不合格支柱时，先支后改，严格执行'敲帮问顶'"的规定。

（2）区队安全教育不到位，职工存在图省事、怕麻烦的心理。

（3）现场安全监督管理不到位。

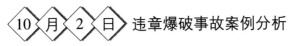

10 月 2 日 违章爆破事故案例分析

一、事故经过

2010 年 10 月 2 日夜班，某煤矿综采二工区 23$_{\text{上}}$13 工作面过断层时由于岩石过硬放松动炮，一次装药分次爆破。5 时 20 分，工作面还剩下最后一炮没放完。这时爆破员丁某去工作面连线，将发爆器钥匙交给了另一爆破员张某，并安排其在工作面上端头爆破。5 时 40 分，张某在未确定丁某是否连完线并撤离到安全地点的情况下，且没有发出爆破警号就直接爆破，将刚连完线未来得及撤离的丁某崩伤。

二、事故原因

（1）同一工作面多人爆破，导致现场爆破秩序混乱。

（2）爆破员张某违反《煤矿安全规程》的规定，即爆破工接到起爆命令后，必须先发出爆破警号，至少再等 5 s 方可起爆。

（3）爆破员丁某自主保安意识差，违反"爆破工必须最后离开爆破地点，并必须在安全地点起爆"，"发爆器的把手、钥匙或电力起爆器接线盒钥匙，必须由爆破工随身携带，严禁转交他人"的规定。

 槽钢挤手事故案例分析

一、事故经过

2014 年 10 月 3 日中班，某煤矿安装工区班长李某带领本班职工到 1107 轨道巷拆第一部带式输送机架。拆带式输送机架时，每人负责扛一根拆下来的 3 m 长槽钢外运到 30 m 处存放。19 时左右，李某在摆放槽钢时没有轻拿轻放，而是把槽钢往上一扔，致使没有摆好的槽钢散落，李某用手去扶，被散落的槽钢挤伤右手。

二、事故原因

（1）现场槽钢没有摆放整齐，且李某放置时随手乱扔，槽钢散落，盲目用手去扶。

（2）李某为现场安全负责人，安全意识淡薄，自主保安意识差。

（3）现场监督管理不到位。

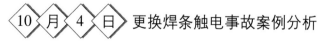 更换焊条触电事故案例分析

一、事故经过

2013 年 10 月 4 日早班，某煤矿机修车间金属焊接工冯某在进行焊接工作时，由于天气比较炎热身上出汗，将工作服和手套

都湿透，在更换焊条时，触及焊钳口，造成触电事故。

二、事故原因

（1）冯某安全意识淡薄，未意识到工作服、手套湿透存在导电的危险，更换焊条时不注意碰到焊钳口，是造成事故的直接原因。

（2）焊机空载电压过高，超过了安全电压，冯某未及时处理。

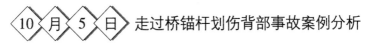

10 月 5 日 走过桥锚杆划伤背部事故案例分析

一、事故经过

2015 年 10 月 5 日早班，某煤矿掘进工区职工肖某在经过 3302 带式输送机巷过桥时，因现场过桥行人高度不足，导致顶部锚杆将肖某背部划伤。

二、事故原因

（1）肖某对现场的危险有害因素辨识能力差，经过过桥时未意识到顶部锚杆可能造成危害。

（2）现场隐患排查不到位，致使隐患未被发现并处理。

（3）掘进工区质量标准化管理意识差，现场工程质量、文明施工标准不高。

10 月 6 日 盲目作业拒爆崩伤人事故案例分析

一、事故经过

2016 年 10 月 6 日夜班，某煤矿掘进工区打眼工王某、刘某等三人在 6203 轨道下山进行打眼工作。约 1 时 30 分，三人打眼过程中将上班遗留的一拒爆打响，造成一起三人重伤事故。

二、事故原因

（1）王某、刘某等三人在打眼前未严格检查工作面有无拒爆、残爆情况，盲目作业，造成自身伤害。

（2）上班爆破工、班组长工作责任心不强，未对当班爆破情况进行认真检查，致使现场留下安全隐患。

（3）现场安全管理、隐患排查不到位。

10 月 7 日 装载机故障案例分析

一、事故经过

2007 年 10 月 7 日中班，某煤矿正常生产期间，发现转载机开不起来，为保证生产跟班电工孙某采取调整回路措施，由原来的一回路改为二回路控制，变更回路后发现无操作电源，遂立即查找原因，经过对各怀疑点逐步排查，最后发现在开关顶接线腔、控制变压器尾段，由于接头连接不实导致无控制电源，造成转载机无法正常启动。

二、事故原因

（1）故障点位置特殊不易查找，是造成事故的直接原因。

（2）由于对故障点判断不准确，逐点查找造成处理故障时间过长。

（3）跟班电工孙某业务技术不熟练，设备包机人韩某对日常维修检查不到位，是造成事故处理时间长的又一原因。

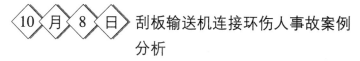

10 月 8 日 刮板输送机连接环伤人事故案例分析

一、事故经过

2015 年 10 月 8 日早班，某煤矿掘进工区李某班到达工作现场，在使用刮板输送机运输时出现飘链并且卡住故障，刮板输送机司机宋某建议加 3 环使链条变长，对刮板输送机链条进行正反转操作，用冲击力把卡住点拉开。李某安排何某和宋某将链条断开后加 3 环，在连接环没有安装螺栓的情况下，安排何某操作按钮进行操作。13 时 10 分左右在对刮板输送机正开时，由于冲击力太大，靠近人行道侧连接 3 环和 15 环的连接环断开，飞起的连接环打在李某头部左侧安全帽上，安全帽将李某左侧头部硌伤。

二、事故原因

（1）班长李某、职工何某、刮板输送机司机宋某三人协同作业，在连接环没有安装连接螺栓，链条上没有覆盖遮挡物的情况下，违章开刮板输送机，致使链条断开，是造成事故的直接原因。

（2）李某安全意识差，图省事怕麻烦，采用别人提议的违章操作方式处理刮板输送机故障，自保意识差，在意识到有可能断链的情况下，站位不安全，是造成事故的又一直接原因。

（3）跟班管理人员、安监员现场安全监管不到位。

 瓦斯爆炸事故案例分析

一、事故经过

2002 年 10 月 9 日 11 时 25 分，某煤炭联合集团公司所属某矿务局某煤矿多种经营公司七井发生一起特大瓦斯爆炸事故，造成 99 人死亡，3 人受伤，直接经济损失 450 万元。

二、事故原因

（1）在施工左三路切割上山时，由于停电停风造成瓦斯积聚。

（2）爆破员违章用煤电钻插销明火爆破产生火花，引起瓦斯爆炸。

 压风机风包超压事故案例分析

一、事故经过

2014 年 10 月 10 日中班，某煤矿机电工区压风机司机侯某、

胡某二人在值班室内值班突然听到一声响，二人查看后发现3号风包释压阀保护套打出击中维修房一角，将维修房击出一破洞。侯某、胡某立即将情况汇报工区，经现场查看后是由于风包内油水化合物积聚，造成风包温度急剧升高，风包超压，释压阀瞬间高压释放，阀杆拉断，造成保护套打出，造成事故。

二、事故原因

（1）操作人员违反操作规程，未按规定对压风机风包进行每班1~2次的排污，造成风包油水积聚。

（2）操作人员责任心不强，存在不在乎的思想，认为排污只是小事，一次两次不排污没事。

（3）区队安全教育不到位，对压力容器设备的安全防范意识教育不到位。

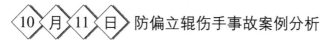 防偏立辊伤手事故案例分析

一、事故经过

2015年10月11日早班，某煤矿掘进工区正常组织检修。因准备更换带式输送机机头大滚子，维修班班长刘某和职工邵某发现驱动滚筒后约3 m处防偏立辊外壳上头磨坏，两人一起更换。刘某卸完上头后，邵某用手控制立辊上头，刘某卸下头。当邵某向上举立辊时，将右手插入立辊外壳与轴之间的空隙致右手挤伤，造成右手无名指末节骨折，指甲盖脱落。

二、事故原因

（1）邵某操作不当，没有预想到外壳与轴的间隙可能发生滑动带来的危险，导致事故发生。

（2）职工自保意识差，区队对职工安全教育不到位。

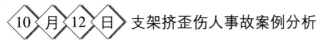

10月12日 支架挤歪伤人事故案例分析

一、事故经过

2011年10月12日夜班，某煤矿402下山北顺槽工人在工间休息时，马某坐在煤壁电缆上打瞌睡，由于片帮挤歪支架，砸在马某胸部，马某经抢救无效死亡。

二、事故原因

（1）马某自主保安意识差，巷帮岩石已经裂开，未采取措施处理；工作期间打瞌睡，严重违章。

（2）马某在危岩下休息，无人制止。

（3）巷修安排不及时。

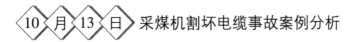

10月13日 采煤机割坏电缆事故案例分析

一、事故经过

2015年10月13日夜班，某煤矿综采一工区正常生产。凌晨1点采煤机割至刮板输送机机尾时输送机突然停车，经检查发现输送机电缆等四根电缆损伤严重，造成移动变电站跳闸。跟班队长开始组织人员进行处理，于凌晨4点30分处理完毕，影响3 h 30 min。

二、事故原因

（1）在采煤机割至机尾时，采煤机司机未进行安全确认，未能准确判断滚筒与电缆的距离，将机尾电缆割断，是造成事故的直接原因。

（2）端头工未将多余的电缆及时挪移，现场多余的电缆零乱且与煤帮的安全距离不足，是造成事故的又一原因。

（3）现场管理人员隐患排查不到位。

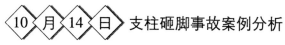

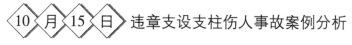

10 月 **14** 日 支柱砸脚事故案例分析

一、事故经过

2015 年 10 月 14 日中班，某煤矿采煤工区运料工徐某、侯某等 4 人在 1123 下带式输送机巷将 1 车 2.8 m 支柱卸车转运。掩牢车后，徐某、侯某 2 人解开封车器，侯某 1 人在车下方开始自上而下抽卸支柱。当抽第 3 根支柱时，由于用力小，没有完全抽出，而是一头着地，另一头顺着车沿偏离落地，侯某躲闪不及，右脚脚趾被砸伤。

二、事故原因

（1）运料工侯某自主保安意识不强，操作不当，造成此次事故。

（2）现场管理人员监督不到位，区队安全教育不到位。

10 月 **15** 日 违章支设支柱伤人事故案例分析

一、事故经过

2014 年 10 月 15 日中班，某煤矿综采工区 8602 工作面端头支护工房某在机巷端头处支设正规支柱，由于站高不够支柱难以立起，在未采取任何安全防护措施的前提下，将支柱上头斜戗在顶梁上，强行加压使支柱钻底，致使柱顶与顶梁滑脱，顶梁下摆将其砸伤。

二、事故原因

（1）职工房某安全意识淡薄，在未采取任何安全防护措施的前提下，盲目蛮干，违章作业。

（2）班长对工作面检查不细致，安排工作不周密，与伤者协作支设正规支柱过程中，对违章支设支柱没有及时制止。

（3）跟班管理安全责任落实不到位，对现场站高不够、支柱支设困难，没有提出有针对性的安全措施进行挖底，任由支柱工违反程序自行处理。

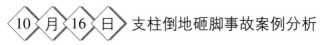 **支柱倒地砸脚事故案例分析**

一、事故经过

2014 年 10 月 16 日中班，某煤矿采煤工区运输巷刮板输送机电机损坏，班长于某安排张某等人去料场转运电机，在人工拖运电机时，碰倒电机旁边备用的单体液压支柱，支柱倒地将张某右脚砸伤。

二、事故原因

（1）张某等人自主保安意识差，对工作场所的安全隐患排查不到位。

（2）工区现场物料存放混乱，闲置支柱无防倒措施。

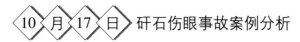 **矸石伤眼事故案例分析**

一、事故经过

2013 年 10 月 17 日中班，某煤矿综采一区在 8703 工作面正常割煤运煤，职工杜某在平巷刮板输送机上发现一块大矸石，提醒司机刘某停机。随后刘某用大锤破碎，飞出的矸石将正在该处经过的端头支护工李某右眼崩伤。

二、事故原因

（1）李某自主保安意识差，在该处经过时没有意识到砸矸石可能带来的危险性。

（2）杜某安全意识薄弱，用大锤破碎大块矸石时，没有及时对周围人员发出警告提醒，让其他人进行躲避。

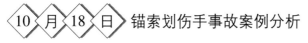 **锚索划伤手事故案例分析**

一、事故经过

2014 年 10 月 18 日早班，某煤矿掘进三工区职工徐某在

6003 轨道巷肩扛锚杆行走过程中，右手被外漏的锚索划伤，徐某升井后在矿医院缝了 6 针。

二、事故原因

（1）徐某安全意识淡薄，在肩扛锚杆行走过程中未意识到外漏的锚索可能造成的伤害。

（2）现场管理不到位，对锚索外漏部分未采取防护措施。

 平衡缸挤手事故案例分析

一、事故经过

2015 年 10 月 19 日中班，某煤矿综采工区运料班班长李某等三人在搬卸平衡缸时，由于不小心，李某左手碰到放平衡缸槽钢架边缘处，左手中指被挤伤，造成骨折。

二、事故原因

（1）班长李某自主保安意识差，未对周围环境认真检查，未排除隐患，盲目蛮干，造成事故。

（2）工区值班区长安排工作不严不细，工作过程中对重点注意事项未作强调。

 更换供水管摔伤事故案例分析

一、事故经过

2014 年 10 月 20 日中班，某煤矿机电工区维修班班长朱某带领王某、邵某在西翼运输大巷 400 m 处更换供水管。17 时 30 分左右，王某站在叉梯上用扳手拆卸快速接头时，扳手滑脱后身体失稳从梯子上跌落，将右手腕摔骨折。

二、事故原因

（1）王某自我防范意识差，拆卸快速接头时用力过猛扳手滑脱后身体失稳，造成事故发生。

（2）区队班前会安排工作不到位，对相关安全注意事项未进行强调。

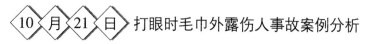

10 月 21 日 打眼时毛巾外露伤人事故案例分析

一、事故经过

2014 年 10 月 21 日中班，某煤矿掘一工区李某班组在 6502 轨道巷施工，打眼工丁某在工作面打眼时，脖子上松散的毛巾被转动的钻杆缠住，丁某头部被勒在帮上，造成脖子瘀血。

二、事故原因

（1）丁某自主保安意识差，操作行为不规范，打眼时没有做到"三紧""两不要"，导致外露的毛巾被转动的钻杆缠住。

（2）现场施工人员互保意识差，对丁某的不安全行为没有及时制止。

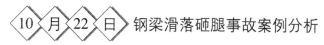

10 月 22 日 钢梁滑落砸腿事故案例分析

一、事故经过

2013 年 10 月 22 日早班，某煤矿综采队队长尹某发现现场的支护材料不够，便和许某去带式输送机顺槽后路抬运 π 形钢梁，当两人运至带式输送机机尾位置时，尹某滑倒，π 形钢梁滑落砸在尹某左腿上，造成左腿髌骨骨折。

二、事故原因

（1）带式输送机机尾底板湿滑，尹某抬运物料至带式输送机机尾时滑倒后受伤。

（2）现场施工人员安全防范意识差，现场管理人员对现场存在的安全隐患排查整改不彻底。

滑倒摔伤事故案例分析

一、事故经过

2015 年 10 月 23 日中班，某煤矿五采集中带式输送机巷 2 号带式输送机维修工张某从五采集中第四联络巷行人铁梯（坡度约 50°）下来找钎子，走至最后一个台阶时，脚踩滑摔倒，拿着扳手的右手着地，小指被扳手硌了一下，后经医院诊断，为右小指末节骨折。

二、事故原因

（1）维修工张某从大坡度台阶往下行走时，自主保安意识差，脚踩滑铁梯横撑且手未抓住扶手摔倒。

（2）工区安全教育培训不到位，对单人单岗作业监督管理不到位。

溜头滑落挤人事故案例分析

一、事故经过

2014 年 10 月 24 日中班，某煤矿炮采工区 3301 工作面出煤过程中，由于刮板输送机机头接车不好拉回头煤，班长安排陈某用单体支柱将刮板输送机机头吊起后垫料，在垫料过程中刮板输送机机头突然滑落，将陈某挤伤。

二、事故原因

（1）陈某违章操作，在垫料过程中将身体探入重物下方是造成事故的主要原因。

（2）现场班长互保联保不到位，对陈某的违章行为未及时制止。

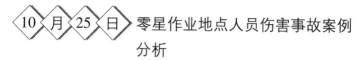

10 月 25 日 零星作业地点人员伤害事故案例分析

一、事故经过

2013 年 10 月 25 日夜班，某煤矿 1205 掘进工作面正常生产。凌晨 3 时 20 分，工作面放完第二茬炮后班长陈某安排刮板输送机司机联系打点开启带式输送机，刮板输送机司机胡某多次联系带式输送机司机无信号回复，班长陈某到达带式输送机机头发现郑某躺倒在配电点附近，随即向调度室汇报并组织人员升井救治。

二、事故原因

（1）郑某工作过程中由于自身原因突发疾病。

（2）区队对零星作业地点人员管理不到位，缺少对零星作业地点人员管理的办法。

10 月 26 日 风水管滑落伤人事故案例分析

一、事故经过

2013 年 10 月 26 日中班，某煤矿采煤工区大班运料工黄某、孙某、贺某等人，将一车装有 φ50 的风水管转运至西翼运输大巷存放。17 时 30 分，孙某、贺某二人在卸车过程中，由于风水管堆放过高，现场堆放的风水管瞬间滑落，孙某躲闪不及时，砸伤左腿，造成一起工伤事故。

二、事故原因

（1）孙某、贺某二人安全意识淡薄，对现场超高存放的物料有可能造成的危害辨识不到位，盲目作业，造成事故发生。

（2）区队安排工作不严不细，对零星作业地点作业未强调相关安全注意事项，且未明确现场安全负责人。

10 月 27 日 压力水伤眼事故案例分析

一、事故经过

2013 年 10 月 27 日早班，某煤矿机电工区赵某、刘某二人在主井井底处理新改造的防尘水管漏水时，发现压力表有压力，确认管路内有水。赵某将焊接在管路下方的球阀打开，但是没有出水，赵某先低头看了一下球阀下方，没有发现堵塞物，就转身去找钢筋试图通球阀，就在转身找钢筋时，刘某又低头去看球阀，此时水管突然喷水打在了其左眼上，造成左眼视网膜出血。

二、事故原因

（1）老管路启用前没有充分冲刷，管路内部的杂物将球阀堵塞不能正常放水且放水时间不够，从而引发事故。

（2）赵某、刘某安全意识淡薄，对井底位置高压水的危害没有足够重视，对低头观察水管的危险性认识不足。

（3）工区对职工的安全教育不够，职工安全意识淡薄，对压力容器、压力管道的维修没有做出具体安排。

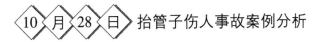

10 月 28 日 抬管子伤人事故案例分析

一、事故经过

2015 年 10 月 28 日中班，某煤矿掘进工区在 3020 运输巷转运 ϕ108 无缝钢管。职工王某与新工人李某合伙抬管子，抬到作业地点后，在后面的李某在没有通知王某的情况下直接把管子扔到地上，导致王某被拉倒，头部磕在管子沿上，造成重伤。

二、事故原因

（1）新工人李某抬放管子时未按操作要领做到协调一致，乱扔乱放导致两人负重不平衡，致使王某失去重心被拉倒造成人身伤害。

（2）王某与新工人李某合伙抬管子前，未将安全注意事项告知李某。

（3）区队班前会安排工作不严不细，没有对新工人工作提出具体的安全要求。

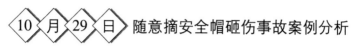 **随意摘安全帽砸伤事故案例分析**

一、事故经过

2015 年 10 月 29 日早班，某煤矿掘进队在北五联络巷负责巷道返修施工，施工时间过半时，班长组织人员吃班中餐。职工王某随手摘下安全帽坐在上面。班长劝阻王某不要乱摘安全帽，王某没在意。就在这时，顶板落下一块矸石，正好落在王某的头上，造成轻伤。

二、事故原因

（1）王某安全意识差，违章摘安全帽，且不听劝阻，造成自身伤害。

（2）班长作为现场的安全负责人，管理力度不够，同班职工互保联保责任心不强。

 **疾病突发事故案例分析**

一、事故经过

2015 年 10 月 30 日早班，某煤矿运搬工区职工陈某在 6300 车场把钩时，突然晕倒，绞车司机杨某发现后及时汇报调度室及工区，并组织人员护送陈某上井救治。

二、事故原因

（1）陈某长期患有高血压等疾病，在工作过程中突发疾病。

（2）区队安全管理针对性不强，班前薄弱人物排查不到位。

◇10◇月◇31◇日 高空落物伤人事故案例分析

一、事故经过

2013 年 10 月 31 日早班，某市局部遭遇强对流天气，某煤矿发生一起高空掉落物伤人事故。某煤矿机修车间职工郑某在车间工作过程中，车间上部一窗扇被刮落，砸中郑某头部，造成一起重伤事故。

二、事故原因

（1）机修车间安全隐患排查不到位，雨季三防工作落实不到位。

（2）郑某自我防范意识差，在车间工作时未戴安全帽。

（3）应急管理工作存在缺陷，缺少出现恶劣天气时的相关应急预案。

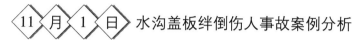

11 月 1 日 水沟盖板绊倒伤人事故案例分析

一、事故经过

2015 年 11 月 1 日早班，某煤矿维修工王某在主运输大巷巡回检查风水管路时，行走过程中踩在一块活动的水沟盖板上被绊倒，造成右手扭伤。

二、事故原因

（1）王某安全意识差，注意力集中在检查风水管路上，忽略了脚下的安全状况。

（2）责任单位对管辖范围内的水沟盖板管理不到位，隐患排查处理不到位。

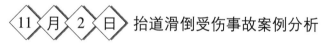

11 月 2 日 抬道滑倒受伤事故案例分析

一、事故经过

2015 年 11 月 2 日早班，某煤矿掘一工区李某班在 7100 轨道石门联络巷铺设轨道。郑某和赵某抬运第二根轨道，在走至 7100 轨道石门拐弯处，后边抬轨道的赵某突然滑倒，左手中指被砸伤，造成轻微伤。

二、事故原因

（1）7100 轨道石门轨道道挡深，地面不平整，且有积水，不利于现场施工人员行走、运料。

（2）赵某安全意识差，对轨道轨面不平未足够重视，造成伤害。

（3）安全负责人现场监督不到位，对现场存在的隐患未能及时提醒、处理。

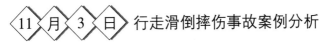 行走滑倒摔伤事故案例分析

一、事故经过

2014年11月3日早班，某煤矿掘一工区职工谢某等4人在二采集中轨道巷撤运带式输送机机架，谢某肩扛带式输送机机架槽钢横梁在斜巷段行走时，由于坡度较大、底板较滑，不小心仰面滑倒，将右手腕摔骨折。

二、事故原因

（1）职工谢某自主保安意识差，在斜巷行走时忽视了底板较滑的安全隐患。

（2）现场监督不到位是事故发生的间接原因。

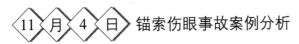 锚索伤眼事故案例分析

一、事故经过

2015年11月4日夜班，某煤矿1302轨道顺槽掘进一工区职工董某，在肩扛锚杆行走过程中，被外露的超长锚索碰伤左眼，经医院诊断为左眼球玻璃体积血。

二、事故原因

（1）职工董某对现场的危险有害因素辨识能力差，没有意识到现场外露的锚索可能造成伤害。

（2）现场隐患排查不到位，对超长外露的锚索未采取防护措施。

（3）区队安全教育不到位。

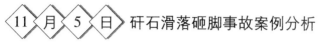

11 月 5 日 矸石滑落砸脚事故案例分析

一、事故经过

2014 年 11 月 5 日夜班，某煤矿掘进工区谭某班在二采区主下山打眼结束后，爆破员郭某、班长谭某再次进入工作面对现场进行"敲帮问顶"确认安全以后，开始定炮。凌晨 1 时，工作面一块长条矸石滑落砸在正在该处工作的谭某左脚上，造成左脚大拇脚趾骨裂。

二、事故原因

（1）谭某执行"敲帮问顶"制度不到位，对现场存在的悬矸虽然进行了敲击，但是没有进行摘除，最终造成悬矸滑落伤人。

（2）爆破员郭某互保意识差，和班长谭某一起进行"敲帮问顶"工作，对存在的悬矸没有摘除负连带责任。

（3）跟班管理人员现场监护不到位，对现场"敲帮问顶"结果检查不细致，对存在的隐患没有彻底排除。

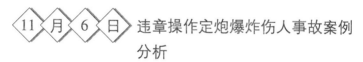

11 月 6 日 违章操作定炮爆炸伤人事故案例分析

一、事故经过

2013 年 11 月 6 日早班 9 时 20 分，某煤矿掘进工区大班工作人员到达 1603 轨道顺槽工作面焊补刮板输送机过渡节。10 时 20 分工作面打完眼后，班长孟某安排爆破员刘某开始定炮，刘某在定炮过程中突然一声炮响，爆破将刘某炸伤，造成一起重伤事故。

二、事故原因

（1）现场焊补刮板输送机过渡节工作与工作面定炮工作平行作业。刘某在定炮过程中未及时将脚线扭结悬空，脚线触及刮板输送机尾槽后由电焊机杂散电流引起爆炸。

（2）区队安全生产责任不落实，安排大班工作人员焊补刮板输送机过渡节时未考虑相关安全注意事项。

（3）现场安全管理人员责任心差，现场监管不到位。

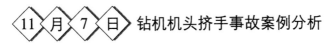

11 月 7 日 钻机机头挤手事故案例分析

一、事故经过

2017 年 11 月 7 日中班，某煤矿掘进工区在 2101 下顺槽工作面施工，班长张某打帮锚杆，张某点眼、扶钎子。打完上部帮锚杆拔钎子时，由于帮眼过高不能将钎子平行拔出，于是两人用大力将钎子弧形拔出，这时帮锚杆钻机机头突然下落，将张某左手小拇指挤伤。

二、事故原因

（1）职工自保意识差，拔钎子时用力过大，且左手位置放置不当，造成自身伤害。

（2）上部帮锚杆眼过高，打眼时未使用登高工具。

（3）跟班区长现场安全监督不到位。

（4）值班人员班前会对安全注意事项的提醒、强调不够。

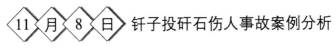

11 月 8 日 钎子投矸石伤人事故案例分析

一、事故经过

2017 年 11 月 8 日中班，某煤矿队长屈某安排张某去后路出矸，屈某开耙装机，21 时 30 分左右屈某发现有两块大矸石卡在耙装机卸料槽上，随即停机闭锁后与张某拿钎子在耙装机一侧投矸石，大矸石突然掉落，钎子反弹，将张某嘴唇划伤。

二、事故原因

（1）现场大矸石未破碎，出矸时矸石卡在耙装机卸料槽内，是造成事故的直接原因。

（2）职工个人安全意识淡薄，站位不当，对现场存在的隐患认识不到位，投矸石时对矸石突然掉落造成的危害认识不清，是造成事故的又一原因。

（3）工区平时安全教育不到位，是造成事故的间接原因。

（4）现场安全管理人员及安监员监督不到位，未及时制止不规范行为。

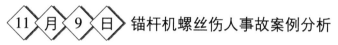 **锚杆机螺丝伤人事故案例分析**

一、事故经过

2017 年 11 月 9 日中班，某煤矿开拓工区刘某班组在北翼带式输送机巷施工。班长刘某安排职工庄某一起安装帮部锚杆，班长刘某使用帮锚杆钻机，职工庄某在帮锚杆机右侧抓着帮锚杆钻机护圈帮忙。当锚杆注入一半时帮锚杆钻机机头部固定螺栓崩出，打在庄某鼻梁上方，导致鼻根部裂开缝合 5 针。

二、事故原因

（1）操作过程对注意事项检查不全面，是造成事故的直接原因。

（2）职工个人安全意识淡薄，对现场存在的隐患认识不到位，使用风动工具时对可能造成的伤害认识不清，是造成事故的又一原因。

（3）工区平时安全教育不到位，是造成事故的间接原因。

（4）现场安全管理人员监督不到位，未及时制止不规范行为。

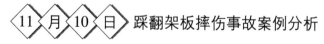 **踩翻架板摔伤事故案例分析**

一、事故经过

2017 年 11 月 10 日中班，某煤矿通防工区通风设施工在地面主要通风机风硐施工。15 时 40 分左右，在挪移架板时，施工人员穆某踩翻架板，造成穆某随架板滑下摔伤右胸部，架板的另一端将同时作业的刘某左腿的膝关节碰伤，造成一起工伤事故。

二、事故原因

（1）穆某现场没有严格按措施施工，登高作业时没有佩戴安全带，架板固定不牢，是造成事故的直接原因。

（2）穆某现场个人操作不规范，自保意识差，是造成事故的又一直接原因。

（3）工区对职工的安全教育不到位，班前会安排工作不严不细，跟班区长现场安全监督管理不到位，是造成事故管理方面的原因。

 割响拒爆伤人事故案例分析

一、事故经过

2014 年 11 月 11 日早班，某煤矿 6603 综掘工作面过断层需爆破处理砂岩。11 时 50 分，工作面爆破结束后，班长安排司机洪某开机装岩，掘进机运行过程中突然一声炮响，司机洪某被崩伤。

二、事故原因

（1）爆破后现场班组长、爆破工在未排查拒爆、残爆的情况下，盲目安排装岩工作，是造成事故的直接原因。

（2）6603 综掘工作面过断层安全技术措施编制没有针对性，未明确爆破后排查拒爆、残爆的相关安全事项。

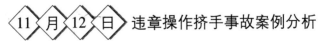 违章操作挤手事故案例分析

一、事故经过

2016 年 11 月 12 日早班 8 时左右，某煤矿采一工区 7516 工

作面机巷端头工韩某用 40T 刮板输送机链条连接 1 号支架推拉板，用 C 形钩连接 40T 链条和 630 刮板输送机底托板拉移 1 号支架，为防止连接 630 刮板输送机底托板上的 C 形钩脱落，韩某便用左手托住 C 形钩，右手操作 2 号支架阀组拉 1 号支架。由于操作时没有缓慢送液，推拉缸收缩时，其左手中指被挤在 C 形钩和底托板之间，将左手中指挤伤。

二、事故原因

（1）韩某操作行为不规范，自保意识差，用手去托 C 形钩时没有注意到左手所处的危险位置，是造成事故的直接原因。

（2）事故发生时为交接班时间，为及早完成现场工作，韩某心情急躁没有执行一人监护一人操作的制度，在监护工孙某离开的情况下违章操作，是造成事故的又一原因。

（3）跟班管理人员现场安全管理不到位，是造成事故管理方面的原因。

（4）值班区长安排工作不严不细，对职工规范操作教育不到位，对重点环节没有做重点细致安排。

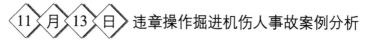 **11 月 13 日 违章操作掘进机伤人事故案例分析**

一、事故经过

2013 年 11 月 13 日早班，某煤矿 1303 轨道巷工作面在截割过程中，司机蒋某发现掘进机扒爪被一块大矸石卡住，在未停机的情况下离开操纵台，在破碎矸石时失脚，右脚滑至掘进机截割头处，右小腿被掘进机截割头割伤，造成一起工伤事故。

二、事故原因

（1）司机蒋某严重违章作业，在未停机的情况下去处理大矸石。

（2）现场监护的副司机互保联保不到位，对蒋某的违章行为未及时制止。

（3）区队日常安全教育不到位，职工在现场未养成规范操作的好习惯。

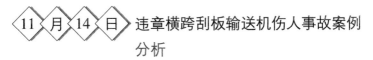 **违章横跨刮板输送机伤人事故案例分析**

一、事故经过

2013 年 11 月 14 日中班 17 点 20 分，某煤矿采煤工区在 2309 工作面正常施工，摧煤工刘某在煤壁侧跨刮板输送机槽拉临时支柱时，运行中的刮板输送机上过来一大块煤，将其右小腿挤伤，造成肌肉撕裂。

二、事故原因

（1）刘某未观察周围安全情况，横跨运行中的刮板输送机，违章作业。

（2）区队安全管理松懈，平时对职工的安全教育不到位。

 **带式输送机滚筒伤眼事故案例分析**

一、事故经过

2016 年 11 月 15 日中班 19 时左右，某煤矿机运工区 7800 一段带式输送机下山，大班维修班班长周某带领刘某、孙某等 6 人，转运 $\phi400$ mm 的机尾滚筒到 266 号带式输送机吊挂架位置，周某等人将滚筒与滑板固定牢，然后吊到带式输送机上滑行。当转运到 236 号带式输送机吊挂架位置时，由于该段坡度大，滚筒下滑速度突然加快，其他人员纷纷躲避，而刘某立即转身双手推住滚筒沿，试图配合周某控制滚筒下滑。突然刘某脚底打滑摔倒，右眼处磕在滚筒轴承座上，致破皮伤。

二、事故原因

（1）刘某自主保安意识差，个人防护不到位，在滚筒下滑速度加快的情况下没有立即躲避，致使个人受伤，是事故发生的直接原因。

（2）班长周某现场安全监护不到位，是事故发生的间接原因。

（3）机运工区书记值班期间管理不到位，重点环节没有重点强调，没有对当天的零星工程汇报安监处，没有安排管理人员盯靠，是事故发生的管理方面的原因。

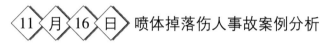

11 月 16 日 喷体掉落伤人事故案例分析

一、事故经过

2016 年 11 月 16 日夜班，某煤矿掘进二工区爆破工王某与炸药运送人员孙某在西翼大巷行走至 1100 m 处时，现场顶部掉落的喷体将二人砸伤。

二、事故原因

（1）西翼大巷 1100 m 处受采动影响，巷道变形严重，未采取维修措施，是事故发生的直接原因。

（2）王某、孙某二人在经过该地段时未引起注意，自我防范意识差。

（3）矿井顶板管理责任单位安全责任不落实，现场隐患排查不到位。

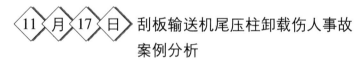

11 月 17 日 刮板输送机尾压柱卸载伤人事故案例分析

一、事故经过

2015 年 11 月 17 日中班，某矿业公司采煤工区职工王某在摧煤过程中，刮板输送机尾压柱卸载后歪倒，砸在王某后背上，将王某肋骨砸骨折，造成一起工伤事故。

二、事故原因

（1）现场安全隐患排查不到位，使用的压柱防倒绳不合格，挂钩弯度过于平直，未起到防倒作用。

（2）现场安全管理不到位，对现场存在的安全隐患未查出。

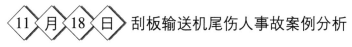 刮板输送机尾伤人事故案例分析

一、事故经过

2015 年 11 月 18 日夜班，某煤矿炮采工区 1606 工作面刮板输送机移到位后，开始支设正规支柱工作，职工刘某在工作面刮板输送机尾处支设正规柱时，工作面刮板输送机突然启动拉翻刮板输送机尾，将刘某挤在顶板上，造成一起生产安全事故。

二、事故原因

（1）工作面刮板输送机司机违章操作，在未确认刮板输送机尾是否支设压柱的情况下，随意开启刮板输送机。

（2）刘某自我防范意识差，在支柱过程中站位不安全，在工作面刮板输送机尾处支设正规柱前未及时支设刮板输送机压柱，违反作业规程中"工作面刮板输送机移到位后及时支设压柱"的规定。

（3）区队安全教育不到位，职工对现场的危险有害因素辨识能力差。

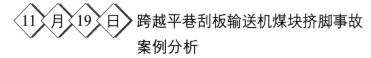 跨越平巷刮板输送机煤块挤脚事故案例分析

一、事故经过

2013 年 11 月 19 日夜班，某煤矿通防工区瓦检员郭某在 1302 综采工作面机巷端头检查瓦斯过程中，在跨越平巷溜槽时左脚被刮板输送机上的大块煤挤伤，造成一起工伤事故。

二、事故原因

（1）郭某安全意识淡薄，违章跨越运行中的刮板输送机，是事故发生的直接原因。

（2）区队班前会安排工作不到位，对特殊地点的瓦斯检查时对安全注意事项未做重点强调。

 不戴安全帽头部砸伤事故案例分析

一、事故经过

2016 年 11 月 20 日中班，某煤矿选煤厂原煤系统设备开始检修，破碎机司机程某将破碎机停电闭锁并挂牌后，未戴安全帽直接将上半身探入破碎机内，用铁锹清理浮煤，此时，手选皮带又突然开启，皮带上落下的大块煤矸将程某头部砸伤，造成一起工伤事故。

二、事故原因

（1）程某安全意识淡薄，进行检修作业时未戴安全帽，是事故发生的直接原因。

（2）手选皮带司机违章操作，在未发出信号的情况下随意开启皮带，是事故发生的又一直接原因。

（3）现场检修组织、协调不到位，针对出现的异常情况缺少有效的沟通联系。

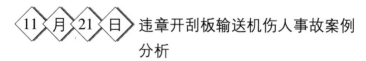 违章开刮板输送机伤人事故案例分析

一、事故经过

2017 年 11 月 21 日早班，某煤矿采二工区班长刘某安排张某和贾某配合缩刮板输送机。8 时 30 分左右，张某没有检查刮板输送机尾固定情况，也没有发送开机信号，便点动按钮。贾

某负责拆解链环,他将靠近减速机侧的链环拆下,在拆另一侧的链环时,由于点动时间长,刮板输送机尾和中部槽结合部位拱起搭桥 1 m 左右,拱起的溜槽边沿将在该处工作的王某右脸部碰伤。

二、事故原因

(1)张某开刮板输送机前没有发送信号,严重违章作业,是事故发生的直接原因。

(2)在掐链时刮板输送机尾压柱被王某提前拆掉,刮板输送机尾和中部槽连接处起拱,王某站在危险区域,是事故发生的又一直接原因。

(3)贾某对张某的违章行为没有制止,一起协同违章操作,是事故发生的间接原因。

(4)班长刘某安排缩刮板输送机工作时安全重视程度不够,没有安排人员在刮板输送机尾接发信号以及对刮板输送机尾压柱进行检查,是事故发生的另一间接原因。

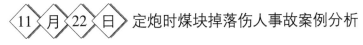 定炮时煤块掉落伤人事故案例分析

一、事故经过

2014 年 11 月 22 日中班,某煤矿掘一工区李某班在 71000 轨道下山施工。16 时 40 分左右,工作面打完眼,班长李某安排姜某、董某、王某定炮,王某在低头定底炮时,工作面滑落一块重 10 kg 左右的煤块,砸在王某的安全帽上,王某被砸趴在底板上,底板上的矸石块尖端将眉心划伤,造成一起轻伤事故。

二、事故原因

(1)事故直接责任人王某在定炮时,未能随时观察顶板的变化情况,是造成事故的直接原因。

(2)现场安全负责人班长李某,执行"敲帮问顶"不彻底,在王某定炮时未能起到监护作用,是造成事故的另一直接原因。

◇11◇月◇23◇日◇ 架子歪倒伤人事故案例分析

一、事故经过

2013 年 11 月 23 日早班，某煤矿机电工区大班班长邱某带领 8 人在副井口南侧更换压风管路。13 时 30 分左右，周某、姜某、高某等人在抬架子时，由于受力不均匀，架子突然歪倒，正在该处工作的云某发现架子向自己方向歪倒。云某躲闪不及，架子上角从云某右大腿外侧划过，造成轻微伤。

二、事故原因

（1）现场施工人员安全意识差，抬架子时没有采取防倒措施，未观察架子附近是否有人。

（2）云某自保意识差，在发现支撑架歪倒时没有及时躲避。

（3）班长邱某互保联保意识差，发现操作人员违章操作未及时制止。

◇11◇月◇24◇日◇ 违章爆破事故案例分析

一、事故经过

2012 年 11 月 24 日中班，某煤矿 71000 轨道石门正常掘进施工。工作面定完炮后，队长陈某安排爆破员杨某进行连线爆破，放完两次炮后，在工作面检查残爆、拒爆时，爆破员杨某发现工作面有一个拒爆，在没有停架空线电源的前提下，便准备重新连线起爆。17 时 30 左右，管理人员下井检查工作时，发现施工人员没有停架空线电源就准备进行爆破，现场进行了制止。

二、事故原因

（1）爆破员杨某安全意识差，图省事怕麻烦，存在侥幸心理，在没有停架空线电源的情况下准备爆破，没有意识到违章爆破可能造成危害。

（2）跟班队长陈某安排工作不严不细，没有严格执行停送电制度，在架空线电源没有停电的现实情况下，没有及时制止爆破员违章爆破。

（3）现场安全管理不到位，安监员、跟班管理人员对重点环节没有重点监管。

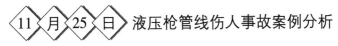

11 月 25 日 液压枪管线伤人事故案例分析

一、事故经过

2013 年 11 月 25 日早班，某煤业公司采煤工区 2203 工作面，职工田某在支设临时支柱后，随手将液压枪挂在第一排正规支柱上，在采空区侧擩煤的孔某不小心将液压枪碰掉并落在刮板输送机上，随即被运转的刮板输送机带走，液压枪管线拉紧后回弹，击中田某右小腿，造成骨折。

二、事故原因

（1）田某图省事、怕麻烦，将液压枪挂在第一排正规柱上，挂设不牢。

（2）孔某擩煤时未注意观察现场的安全情况，将液压枪碰落在运行的刮板输送机上。

（3）现场安全管理不到位，未及时制止职工的不规范操作行为。

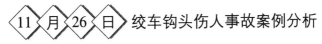

11 月 26 日 绞车钩头伤人事故案例分析

一、事故经过

2016 年 11 月 26 日早班，某煤矿掘进工区大班维修人员在 2203 轨道巷进行延长带式输送机工作。10 时左右，在使用小绞车拖移带式输送机机尾时，绞车钩头脱落回弹，将现场负责指挥的大班班长冯某左腿打骨折。

二、事故原因

（1）冯某安全意识差，绞车运行时违章站在绳道内观察机尾拖移情况，是事故发生的直接原因。

（2）绞车钩头与机尾连接时使用 C 形挂钩连接，绞车阻力增大时挂钩被拉直后脱落，是事故发生的主要原因。

（3）现场安全管理不到位，未严格按措施要求施工。

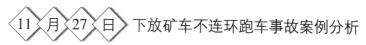 **11 月 27 日 下放矿车不连环跑车事故案例分析**

一、事故经过

2013 年 11 月 27 日早班，某煤矿二采带式输送机下山上车场把钩工马某联系绞车司机何某下放四辆重车，当前两辆矿车刚过变坡点、后两矿车还在车场平巷位置时，前两辆矿车突然向下跑车。由于保险绳的作用，事故未进一步扩大，只造成矿车掉道，实属侥幸。

二、事故原因

（1）把钩工马某安全意识淡薄，工作不负责任，麻痹大意，放车前第二辆矿车与第三辆矿车之间未插车销，未严格执行安全确认，是造成事故的直接原因。

（2）工区安全教育不到位，职工现场操作未养成安全确认的好习惯。

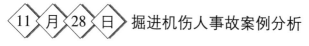 **11 月 28 日 掘进机伤人事故案例分析**

一、事故经过

2014 年 11 月 28 日，某煤矿综掘工区早班和中班交接班期间，早班班长看到工作面右帮宽度不够，影响验收，便安排处理，掘进机司机陈某看到右帮及前方无人就开机截割。此时，职工陆某在左帮处收拾钻机及风水管，由于没有撤出截割头截割范围，被钻机和风水管缠绕住一起卷入截割头，经抢救无效死亡。

二、事故原因

（1）掘进机司机陈某严重违章作业，违反作业规程"开机前，在确认铲板前方和截割臂附近无人时，方可启动；开机、退机、调机时，必须发出报警信号"的规定。

（2）职工陆某安全意识差，工作时注意力不集中。

（3）交接班期间现场安全管理不到位，跟班安监员、区队长不在现场。

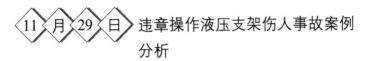 **违章操作液压支架伤人事故案例分析**

一、事故经过

2015 年 11 月 29 日夜班，某煤矿综采工区 1303 工作面采煤机割煤后，液压支架工韩某、张某在拉移支架时，提架料突然滑脱，造成支架快速下落将张某挤在支架顶梁与电缆槽之间，造成一起重伤事故。

二、事故原因

（1）张某自保意识差，移架过程中违章站在架下手扶提架料。

（2）韩某严重违章操作，在架下方有人的情况下违章进行移架操作。

（3）现场安全管理不到位，对职工违章操作行为未及时发现并制止。

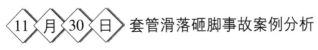 **套管滑落砸脚事故案例分析**

一、事故经过

2015 年 11 月 30 日早班，某煤矿机修车间车工葛某、李某二人将加工好的套管抬至堆放地点码放时，现场堆放架上的套管突然滑落，李某躲闪不及被滑落的套管砸伤左脚。

二、事故原因

（1）机修车间安全隐患排查不到位，现场堆放的套管过多超高，堆放架上的挡杆失去围挡作用，是事故发生的主要原因。

（2）葛某、李某二人自我防范意识差，对现场超高堆放的套管存在滑落伤人的风险辨识不到位。

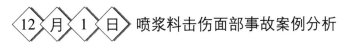

喷浆料击伤面部事故案例分析

一、事故经过

2014 年 12 月 1 日夜班，某矿开拓一工区喷浆工刘某在工作面喷浆过程中被杂物绊倒，摔倒瞬间喷枪头喷出的混凝土将负责照明的张某面部击伤，造成一起工伤事故。

二、事故原因

（1）刘某、张某安全防范意识差，图省事、怕麻烦，喷浆作业前未清除作业地点的杂物，致使现场留下安全隐患。

（2）现场安全管理不到位，未及时发现存在的安全隐患。

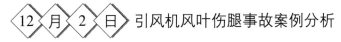

引风机风叶伤腿事故案例分析

一、事故经过

2016 年 12 月 2 日，某矿机运工区大班班前会值班区长陈某安排大班维修工曹某等人将 1 号锅炉引风机解体，以便转运到现场备用。上午 10 时左右，锅炉维修工张某在做完日常检查工作后，独自在锅炉房西门口解体引风机。在拆卸引风机风叶时，用扒子将风叶从轴上退出，用木料垫在风叶下边，然后用双手去活动风叶，想让风叶落在木料上。由于风叶重量较重（100 kg 左右），当风叶掉落在木料上时，木料突然倾斜，风叶顺势滑倒，张某躲闪不及，右腿被歪倒的风叶边框划伤，造成一起工伤事故。

二、事故原因

（1）张某思想麻痹大意，安全意识淡薄，在拆卸风扇时身体正对风扇歪倒位置，躲闪不及，是事故发生的直接原因。

（2）张某没有按照工区安排与曹某等人协同作业，而是自己独自作业，没有安全监护人，是事故发生的间接原因。

（3）机运工区大班班前会安排工作不细致，对拆卸风机风扇没有针对性的措施，对安全注意事项强调不全面，是事故发生管理方面的原因。

（4）工区对职工安全教育不到位，职工的安全意识、正规操作水平差，是事故发生的又一原因。

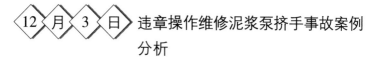

12 月 3 日 违章操作维修泥浆泵挤手事故案例分析

一、事故经过

2013 年 12 月 3 日早班，某煤矿防治水工区区长李某班前会安排张某等三人到 10100 轨道上山挪移钻机后施工打钻，同时安排从地面带一个新护罩更换损坏的泥浆泵皮带轮护罩，安排大班维修工王某和孙某维修泥浆泵。10 时 30 分班长张某、刘某、杨某在上山钻机房固定钻机，张某扶单体支柱，杨某握注液枪，准备给第四根钻机压柱加压，刘某点动泥浆泵按钮给单体柱子间歇加压。此时在泥浆泵处准备修理泥浆泵的维修工王某右手扶在皮带上侧，拇指处于带轮和皮带的咬合处，由于泥浆泵突然起动，将王某右手拇指挤压致轻微骨裂伤。

二、事故原因

（1）班长张某没有认真落实班前会安排的工作，新皮带轮护罩没有及时进行安装，致使泥浆泵皮带轮运转部位无防护，存在隐患运转，是事故发生的直接原因。

（2）大班维修工王某对现场的危险有害因素辨识能力差，没有意识到泥浆泵皮带轮无护罩，存在可能随时启动的危险，右手扶在泥浆泵皮带上，是造成事故的主要原因。

（3）刘某开机前未进行安全确认，在泥浆泵皮带轮防护存在隐患的情况下三次开泵分别给三根支柱加压，没有认识到对现场维修人员可能造成伤害，违章开泵，是造成事故的又一原因。

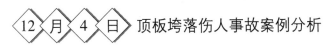

12 月 4 日 顶板垮落伤人事故案例分析

一、事故经过

2014 年 12 月 4 日夜班，某煤矿 1605 采煤工作面，当工作面割完四刀煤后，机巷端头控顶距超规定，班长高某为赶产量决定割完第六刀后缩平巷溜槽。凌晨 3 时 30 分，端头支护工梁某、尹某回撤端头支柱时，采空区侧顶板突然垮落，推倒支柱将梁某头部砸伤，经抢救无效死亡。

二、事故原因

（1）班长高某重生产轻安全，现场违章指挥，不及时缩溜槽，造成端头控顶距超规定，是事故发生的主要原因。

（2）梁某、尹某自主保安意识差，冒险作业。

（3）区队现场跟班管理人员安全监管不到位。

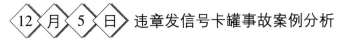

12 月 5 日 违章发信号卡罐事故案例分析

一、事故经过

2013 年 12 月 5 日，某工程处机电队安排电工董某、陈某更换井底水窝的水泵（水泵悬挂在井底水窝西侧上方，用 8 条螺栓通过法兰盘与固定在井壁上的排水管路连接），并与调度室取得联系，确定检修时间为 12 时 30 分到 14 时，之后没有按期完成，但他们没有请示调度室就继续检修水泵。17 时 40 分，拆除完法兰盘上的 6 条螺丝后，由于水泵倾斜不便拆除剩下的 2 条螺丝，他们便用绳套将水泵套住，并挂在西罐笼内的阻车器上，准备通过提升罐笼拉紧绳套，然后将螺丝拆除。董某告诉当班临时信号工张某打"双慢点"（打两次 4 声短信号）升罐，由于张某不知道"双慢点"的打点方法，错误地打成了"上人点"（1 声长信号，4 声短信号），罐笼快速升起，当张某听见不正常声响打停罐信号时，为时已晚，罐笼已上升 100 m。主绞车司机发现异常，迅速断电拉闸，当时罐笼已被卡住，井筒内供电、排水、通风设施均已破坏，121 名工人被困井下。

二、事故原因

（1）信号工张某，在不清楚信号工操作规程的情况下，发出错误的提升信号。

（2）运输事故发生后，该项目经理未向公司汇报，急于救人，自行处理，且清除井筒障碍物不彻底，导致 2 人死亡，造成事故扩大。

（3）现场安全管理不到位，岗位责任制和相关规章制度执行不力，干部违章指挥、工人违章作业现象时有发生，是造成事故的主要原因。

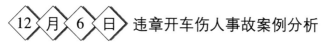 违章开车伤人事故案例分析

一、事故经过

2016 得 12 月 6 日，某煤矿掘进工作面中班出矸，电瓶车司机刘某将 5 个空矿车顶至耙装机后车场内，由机后推车工李某将矿车一辆一辆地推入耙装机漏斗下装车。当装完第 5 辆车后，推车工李某刚将销子大环连接好，还没有躲开，电瓶车司机刘某就误以为矿车连接已结束，没打点未发开车信号就开车，将推车工李某推倒造成脸部摔伤。

二、事故原因

（1）电瓶车司机刘某违反规程规定，开车没提前发出开车信号。

（2）推车工李某违反规程规定，矿车摘挂钩时将身体探入两矿车之间的空间。

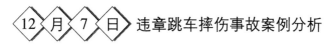

一、事故经过

2016 年 12 月 7 日中班，某煤矿运输工区电机拉料回翻煤笼，当班掘进工蔡某和电机车司机刘某平时很熟，打过招呼后遂坐在电机车车厢上。15 时 30 分，当电机车快到副井井口时，蔡某从电机车上跳下，摔伤小臂。

二、事故原因

（1）伤者蔡某自主保安意识差，违章乘坐电机车，造成自身伤害。

（2）司机刘某没有制止蔡某的违章行为。

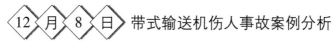

一、事故经过

2010 年 12 月 8 日夜班，某煤矿掘二工区张某开转载机。大约 0 时 15 分张某发现转载机机头与带式输送机机尾处浮煤较多，在带式输送机与转载机均在运行的情况下，张某使用铁铲清理机尾浮煤。0 时 55 分，清理过程中铲子被带式输送机卷入机尾，同时，由于着装不整，铲把缠住了张某的上衣，将张某一同带入机尾滚筒，张某的身体被挤压变形，当场死亡。

二、事故原因

（1）张某违章作业，带式输送机运行时清理机尾浮煤，且

185

着装不整，精力不集中，操作不当，是造成事故的直接原因。

（2）职工"安全第一"的思想树立不牢固，安全教育不够深入扎实，作业规程的贯彻学习效果不明显，职工没有做到应知应会，安全意识比较淡薄，安全技术素质较低，自保和互保意识较差。

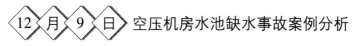 空压机房水池缺水事故案例分析

一、事故经过

2012 年 12 月 9 日，某煤矿空压机房早班司机任某、褚某接班后进行倒机操作，巡回检查。当他们准备巡检外部水包及水池时，发现空压机回水断水，同时断水保护报警。及时停机后，区长张某及时赶到，检查发现水池水位降低很多。事故前后影响生产 17 min。

二、事故原因

（1）12 月 8 日夜晚风力较大，因降温而喷出的回水洒落冷却池，造成水位降低。

（2）夜班司机巡回检查不到位，未能发现水位降低，致使事故的发生。

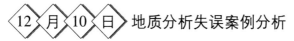 地质分析失误案例分析

一、事故经过

2015 年 12 月 10 日早班，某煤矿掘进工区技术员张某向地测科地质人员边某汇报，3$_上$902 材料巷工作面施工顶板锚索时，在钻进 5.2 m 时发现一层煤，请边某到工作面观测分析。10 时 30 分左右，边某到工作面观测，发现工作面煤层正常，顶底板也正常，并没有认真分析，也没有要求施工人员探顶板，就安排继续施工，上井后向工程师郭某汇报正常。12 月 4 日早 7 时 50

分,掘进一区技术员张某又向地测科工程师郭某汇报,3$_\text{上}$902材料巷工作面为全岩。10 时 30 分左右,郭某与生产科工程师李某到工作面观测,并安排张某带领施工人员从工作面开始后每隔5.0 m 探顶板,探 6 个钻眼后(30 m),顶板上方不再有煤,断定工作面揭露一个落差为 10.0 m 的逆断层,李某安排掘进一区退后 30 m 按 15°上山施工,跟上煤层顶板。

二、事故原因

(1)缺少完整、齐全的地质资料。

(2)在掘进过程中,没有严格执行《煤矿地质规程》的有关规定,对本采区的地质情况掌握不清。

(3)现场资料采集不精确,分析不认真,对现场人员提供的信息没有验证。

(4)对现场出现的异常地质情况,没有全面认真地向有关领导汇报,凭主观和经验做出错误判断,误导了生产。

12 月 11 日 刮板输送机紧链伤人事故案例分析

一、事故经过

2012 年 12 月 11 日,某煤矿多种经营公司残采队在刮板输送机紧链时,刘某被链条打击,造成左手小臂骨折。当时,工作面刮板输送机由于运转时间长,磨损严重,再加上检修不到位,工作面刮板输送机突然断链,刘某等三人奉命接链。在进行紧链时,由于一时找不到合适的软物,就用一个撑棍象征性地横放在溜槽上,当点动刮板输送机时,链条猛地弹起抽向刘某,刘某躲闪不及,造成左手小臂骨折。

二、事故原因

(1)操作人员没按规定用软物覆盖链子。

(2)刘某对接链的工作流程掌握不到位。

(3)现场管理人员监督检查不到位,对违章作业没有及时制止。

（4）刘某自主保安意识差，相互保安责任制落实不到位。

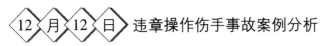 违章操作伤手事故案例分析

一、事故经过

2012 年 12 月 12 日 9 时左右，某煤矿木场职工张某在车间使用带锯切割道木，左手推道木前方，右手扶道木另一端进行切割。在推进过程中，由于没有掌握好道木的平衡，道木右侧抬高，致使道木夹锯，增大了锯条的运行阻力，改变了锯条的运行轨迹，导致锯条偏离锯滚脱落，惯性使道木翻转，张某抽手不及，造成道木砸伤左手中指和无名指。

二、事故原因

（1）张某违章操作，自主保安意识差，是造成事故的直接原因。

（2）木场管理人员张某安排工作不严不细，安全教育不到位，是造成事故的重要原因。

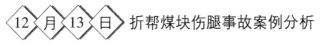 折帮煤块伤腿事故案例分析

一、事故经过

2013 年 12 月 13 日中班，某煤矿掘进工作面正在生产。由于该工作面顶板压力大，煤壁松软，不时有大煤块折帮。当班 21 时左右，耙装机前移后，跟在机后清理卫生的徐某被突然折帮的煤块砸中右小腿，造成小腿轻微骨折，肌肉撕裂。

二、事故原因

（1）职工徐某自主保安意识差，对煤壁折帮可能造成的危害辨识不到位。

（2）当班班长班中巡查不到位，不能够对工作面存在的危

险源及时提出警示。

（3）工区安全教育培训不到位，致使职工对危险的源辨识能力不强，安全防范意识差。

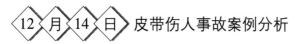 皮带伤人事故案例分析

一、事故经过

2014 年 12 月 14 日 9 时 20 分，某煤矿运转工区维修工刘某与孟某等四名职工在筛选楼维修手选皮带两侧护板，孟某发现皮带机底带机尾处有一个锚盘，遂用一铁棍去投但未投出。此时，在未停机的情况下，刘某接过铁棍伸手在皮带下投锚盘，手臂不慎被运转的皮带机尾滚筒卷入，造成肩部拉伤并挤伤头部，经抢救无效死亡。

二、事故原因

（1）死者刘某违章操作，安全意识淡薄，自主保安意识差，在设备未停机的情况下伸手投皮带下的锚盘，是造成事故的直接原因。

（2）工区对生产现场管理不到位，要求不严，是造成事故的主要原因。

（3）矿安全生产管理检查不全面，是造成事故的原因之一。

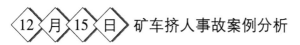 矿车挤人事故案例分析

一、事故经过

2015 年 12 月 15 日早班，某煤矿掘二工区班长邵某带领 6 名工人在 7100 带式输送机上山正常掘进。12 时 40 分左右，跟班区长赵某开绞车下放重车，把钩工陈某在一边扶重车，由于矿车掉道歪倒，将陈某挤在左帮上，导致其小肠破裂，造成轻伤。

二、事故原因

（1）工作面轨道铺设质量不合格，无连接夹板，无道木固

定，重车一轧就变形。

（2）把钩工陈某违章作业，自保意识不强，跟随重车行走。

（3）赵某身为跟班区长，不注重现场安全管理，在没有认真检查轨道质量的情况下，违章开绞车。班长邵某对陈某及赵某违章操作没有及时制止，工作面其他作业人员互保意识不强，对违章现象也没有及时制止，是造成事故的间接原因。

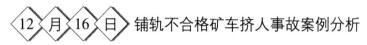

12 月 16 日 铺轨不合格矿车挤人事故案例分析

一、事故经过

2015 年 12 月 16 日早班，某煤矿掘三工区支部书记张某班前会安排马某班在工作面铺一节临时轨道（标准轨）。该班下井交接后，班长马某安排职工张某和郭某去铺临时轨道，两人就近抬了两根临时轨道（未抬标准临时轨道）铺轨，铺设时跟班队长雷某发现铺设轨道不符合规定并未制止，铺完后即爆破出煤。2 时 50 分左右，在清理装满最后一车时，矿车向前滑动，由于左侧临时轨道既短又无挡头，矿车随即向左侧倾倒，此时在矿车前方装车的赵某发现重车下滑，急忙喊道："矿车要倒，注意安全。"正在矿车左侧装车的张某听到喊声，迅速后撤（身体正好与矿车对齐），由于矿车左侧车轮已脱离轨道，向左侧倾斜，此时张某并未意识到危险存在，没有及时向后撤至安全地点，而是用手推住矿车想不让其倒下，结果被矿车挤伤右臂及左腿。

二、事故原因

（1）掘三工区职工张某和郭某没有按照班前会安排铺设带挡头的标准临时轨道，是造成事故的直接原因。

（2）事故责任者张某自主保安意识不强，在矿车掉道倾倒时没有及时躲避，是造成事故的又一直接原因。

（3）跟班队长雷某发现所铺轨道不符合要求并未及时制止，现场未采取措施进行整改，是造成事故的重要原因。

 违章检修伤人事故案例分析

一、事故经过

2012 年 12 月 17 日 16 时 20 分，某煤矿主井南箕斗到位后装不上煤，机电工区安排 4 名维修人员前去共同处理，处理完毕后，吴某、李某二人从翻板处平台顺南侧钢梯爬上来。北箕斗到位后，皮带司机反映翻板不到位，装不上煤，吴某、李某便爬上定量皮带检查，发现翻板被矸石卡住，于是吴某趴在皮带机头处，李某在后面拉着吴某的保险带，吴某用钎子用力去捣堵塞的矸石。在将矸石捣掉后，翻板到位，皮带自动启动将二人装入箕斗，司机急停按钮，皮带停止运转。经现场组织抢救，将吴某送往医院，诊断为颅骨骨折。

二、事故原因

（1）检修人员对皮带控制系统不熟悉，在控制系统处于自动状态下进行检修。

（2）检修人员与信号工没有事先联系将控制系统打到检修状态下，便进入皮带上检修。

（3）检修人员自主保安意识差，没有按规定使用保险带。

（4）无措施施工，违反《煤矿安全规程》之规定。

12 月 18 日 透水事故案例分析

一、事故经过

2014 年 12 月 18 日早班，某煤矿采煤队长陈某发现 −164 m 水平 8504 工作面开切眼有滴水现象，接着又进尺 0.5 m，下班前，采煤副区长兼收尺员刘某到现场收尺，发现工作面有间断淋水，局部水流呈线状，但未采取措施。20 日夜班收工后淋水加大，采煤区队长立即将工作面有淋水的情况向矿技术科科长刘某作了汇报。近 8 时，技术科科长刘某等向矿主要负责人及总工程师胡某作了汇报，由于将要去参加县煤管局召开的全县煤炭安全生产工作会议，胡某安排说"你们下井看一看，实测一下距离，该怎么处理就怎么处理"，随后去县城参加会议。8 时多，技术科科长刘某等 3 人下井到了工作面，看到淋水后，当即安排早班工人停止施工，封死工作面，打上木垛。13 时 50 分左右，采煤区队长兼收尺员刘某在 –164 m 运输巷遇到陈某等 3 人，交代了有关情况。14 时 25 分，上中班的安某等人在开切眼下口休息，忽闻上部有异常声音，雾气大，瞬间煤水突泻，透水事故发生，安某等人迅速撤离。该事故透水量 150 m³ 左右，冲倒木垛、木棚，造成局部冒顶，堵塞了开切眼，将陈某堵在开切眼上方 3 m 处。

二、事故原因

（1）缺少完整、齐全的水文地质资料。

（2）在采掘过程中，没有严格执行《煤矿安全规程》有关防治水的规定，对本矿区的水文地质情况掌握不清，对水患认识不够，没有切实可行的防治水措施。

（3）冒险蛮干，违章作业。8504 工作面缺少完整的施工图，生产中又未能及时测定开切眼的精确长度，导致开切眼掘入保安煤柱 0.83 m，破坏了防水能力。

（4）矿领导安全管理松弛，安全意识淡薄，思想麻痹，在发现有透水征兆长达 11 h 的时间里未能采取有效措施，从而导致了事故的发生。

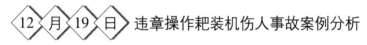 **违章操作耙装机伤人事故案例分析**

一、事故经过

2013 年 12 月 19 日夜班，某煤矿掘进七队副班长朱某（耙装机司机）操作耙装机出煤时，明知耙装机底座上的导向轮在中班已脱落，未及时进行检修，并在主绳咬绳情况下，仍违章继续作业。4 时 57 分，耙装机上料槽侧翻砸伤其头部，经抢救无效死亡。

二、事故原因

（1）朱某安全意识淡薄，违章作业，在耙装机底座导向轮脱落、耙装机主绳咬绳的情况下强行作业，违章蛮干。

（2）安全管理混乱，现场安全责任制不落实，使存在的隐患得不到及时整改。

（3）私自改装耙装机设备，拆除了卸料槽的支架，将卸料槽吊在顶板上，影响其整体性。

（4）在耙装机的侧面给刮板输送机装煤，本身在生产工艺上存在安全隐患。

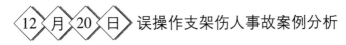 误操作支架伤人事故案例分析

一、事故经过

2011 年 12 月 20 日早班，某煤矿综采二队 4301 工作面，支架工杨某在更换 11 号支架左边立柱双向锁上的液压管时，错误地将右边立柱双向锁上的液压管拆掉，导致左右立柱双向锁不作用，支架卸载快速自降，将杨某挤在后尾梁与连杆之间，造成头部受伤。

二、事故原因

（1）支架工杨某违章带压拆卸管路，责任心差，拆错液压管路造成支架卸载自降。

（2）检修支架立柱时未按措施要求对支架采取防降措施。

（3）现场施工环境差，工作空间狭窄，支架卸载维修人员无法快速撤离。

（4）区队现场安全监管不到位，也没有安排监护人员协同施工。

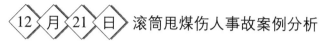 滚筒甩煤伤人事故案例分析

一、事故经过

2010 年 12 月 21 日中班 16 时 30 分，某煤矿综采六队 8093 工作面清煤工王某在机组后清煤时，被机组后滚筒甩出的煤块砸伤头部。

二、事故原因

（1）王某安全意识、自保意识差，在机组后方作业，安全距离不够，站位不当。

（2）割煤时，采煤机司机未提醒靠近采煤机的人员离开危险区域，没有停机制止，联保意识差。

（3）班长工作安排不细致，对休班刚回来上班的王某没有重点监督管理。

（4）区队跟班管理人员以及当班安监员现场安全监管不到位。

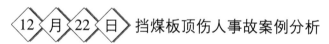 挡煤板顶伤人事故案例分析

一、事故经过

2013 年 12 月 22 日早班，某煤矿采一工区区长安排早班人员到 7128 工作面出煤，班前会重点强调了刮板输送机头顶板破碎处及刮板输送机尾回撤出口的安全管理。到达工作地点后，由于准备物料时间较长，当班 10 时左右开始爆破，11 时结束。班长郭某安排刘某在 13 ~ 15 节处擂煤，当时由于煤块将挡煤板挤住，刘某未将挡煤板撤出，便进行擂煤。13 时 30 分左右，刘某在 13 节处支临时柱子时，挡煤板突然歪倒在运行的刮板输送机上，并随刮板输送机滑动，刘某躲避不及被划伤。

二、事故原因

（1）刘某违反操作规程，作业前未将作业范围内的障碍物清除。

（2）刘某安全意识淡薄，对危险有害因素的辨识能力差。

（3）跟班管理人员、盯班安监员对现场操作监管不到位。

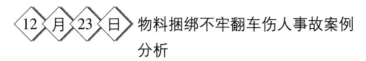

一、事故经过

2015 年 12 月 23 日中班，某煤矿运搬工区电车司机王某在运送矿车及花拦车时，挂在列车尾部的花拦车所装铁轨在运行中有一根因捆绑不牢松动向外伸出，当列车行驶到南大巷 800 m 时，伸出的铁轨与停放在辅道上的一辆矿车刮碰，此时正在进行清淤工作的工人杨某躲避不及，被侧翻的矿车挤到巷帮上，经抢救无效死亡。

二、事故原因

（1）电车司机在组列时未认真检查特殊车辆所装物料的绑扎固定情况，对物料捆绑不牢没有及时发现。

（2）列车在进入有人工作的地点时，司机违章操作，未减速慢行，对物料的变化情况没有及时发现处理。

（3）杨某安全意识淡薄，在有车辆通行时未及时停止工作到安全地点躲避。

一、事故经过

2015 年 12 月 24 日夜班，某煤矿掘五队在 8211 进风巷施工，作业人员到达工作地点后，跟班队长刘某发现工作面锚索未加压，在隐患未排除情况下就违章指挥工人进入工作面打眼工作。在打眼过程中，顶板突然垮落，造成 2 人被埋身亡。

二、事故原因

（1）在顶板破碎锚索未加压形成有效支护的情况下，职工空顶作业，造成顶板垮落将人埋压。

（2）跟班队长刘某违章指挥，在隐患没有排除的情况下指挥工人违章作业。

（3）职工安全意识淡薄，没有拒绝违章指挥。

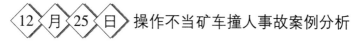 操作不当矿车撞人事故案例分析

一、事故经过

2016 年 12 月 25 日中班，某煤矿掘进二队董某班到 8500 轨道下山工作面正常出矸。17 时 10 分左右，当第二钩提至上变坡点后，绞车司机刘某发现绞车前余绳多，随即操作绞车缠绳，由于操作不当，矿车突然前行将正在准备摘钩头的秦某撞伤，造成秦某右小腿骨折。

二、事故原因

（1）绞车司机刘某现场操作不规范，互保联保意识差，不听信号私自开绞车处理余绳。

（2）把钩工秦某站位不当，自保意识差。

（3）工区对职工安全教育不到位。

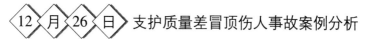 支护质量差冒顶伤人事故案例分析

一、事故经过

2016 年 12 月 26 日中班，某煤矿掘二队在 8202 回风巷施工，班长许某对早班施工的铁棚存在的接顶不实、撑杆松动等隐患视而不见，没有安排进行处理。在向前掘进支设当班第二架棚时，顶板突然来压垮落，连续推倒 4 架棚。许某被埋压，经抢救无效死亡。

二、事故原因

（1）施工人员安全意识以及责任心差，支护质量低劣，所用临时支护不合格，没有起到应有的保护作用。

（2）断层带施工巷道顶板破碎、压力大，施工人员思想上没有足够重视，重生产轻安全现象严重。

（3）没有执行好交接班制度，早班人员对隐患没有处理彻底便离开工作现场。

（4）工区现场管理人员监督不到位，安监员监管不到位，工程质量验收不到位。

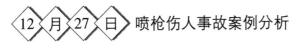 喷枪伤人事故案例分析

一、事故经过

2013 年 12 月 27 日夜班，某煤矿掘进队在轨道巷喷浆时，喷浆工张某由于精力不集中，没有抓紧喷浆枪头，喷头摆动，喷浆料将附近的监护工王某面部击伤。

二、事故原因

（1）喷浆工现场操作时精力不集中，未握紧喷枪头。

（2）职工王某安全意识淡薄，站位不当。

（3）工区安全教育不到位，现场安全监督管理不到位。

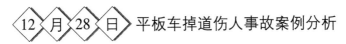 平板车掉道伤人事故案例分析

一、事故经过

2015 年 12 月 28 日中班，某煤矿 3211 掘进工作面回风巷施工，绞车司机刘某负责开车，下车场王某、张某负责把钩。18时 30 分左右，王某将空平板车连好后，张某发提车信号，绞车开启瞬间平板车掉道，碰到王某右腿，致右腿骨折。

二、事故原因

（1）把钩工王某站位不当，平板车掉道，躲闪不及时。

（2）绞车司机操作不当，启动瞬间速度过快造成平板车掉道。

（3）工区管理不严不细，对职工安全教育不够。

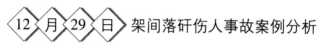 **架间落矸伤人事故案例分析**

一、事故经过

2017 年 12 月 29 日早班，某煤矿采一工区班长刘某处理冒顶拉超前支架时，恰遇大块矸石掉落，验收员李某躲闪不及，矸石瞬间滑落到左腿上，导致左腿被划伤。

二、事故原因

（1）李某自主保安意识淡薄，对危险因素的辨识能力差。

（2）刘某移架时没有注意到附近人员，互保联保意识差。

（3）工区安排安全工作不严不细，现场监管不到位。

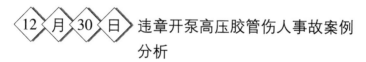 **违章开泵高压胶管伤人事故案例 分析**

一、事故经过

2014 年 12 月 30 日中班，某煤矿综采一队检修班，乳化液泵站移出后，因工作面急着用液，泵站司机李某没有检查管路连接情况是否完好就直接开机，导致高压胶管因漏插 U 形卡而脱落断开，高压胶管将李某打伤。

二、事故原因

（1）李某未按照作业规程要求操作，开机前未按照要求先点动开关试机。

（2）李某自主保安意识差，存在习惯性违章操作现象。

（3）工区对职工安全管理教育不到位，对职工的习惯性违章没有及时发现并制止。

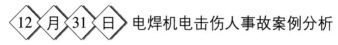

<12><月><31><日> 电焊机电击伤人事故案例分析

一、事故经过

2011年12月31日早班，某煤矿综掘工区在6031机巷焊接带式输送机尾架，职工刘某拽着一根高压胶管经过电焊机时，高压胶管破皮露出的钢丝触到电焊机接线柱，致使刘某当场遭电击晕倒，后经及时抢救脱险。

二、事故原因

（1）现场施工人员未认真学习安全技术措施，电焊机电源侧未安设护罩，并且电焊机无专人看管。

（2）伤者刘某安全意识淡薄，拖移管路经过电焊机时，没有采取措施远离电焊机。

（3）现场跟班管理人员、安监员安全监管不到位。